# **드론**이 여는
# 미래의 **전쟁**

드 론 전면전 시대가 시작되었다!

# 드론이 여는 미래의 전쟁

김현종 지음

드론이 중심이 되는 창과 방패의 싸움이 시작되었다. 드론 전면전을 위한 변신이 늦으면, 그 군대는 상대에게 끌려다니고 승리하기 어려울 것이다.

좋은땅

먼저, 드론이 여는 새로운 전쟁터에 관한 관심을 유도하고 중요성을 알리기 위해 이 책을 쓴다.

공중 공간을 활용하는 신세계를 개척한 드론으로 마주할 미래는 이미 우리의 곁에 와 있다. 전쟁터도 마찬가지다.

얼마 전에 북한의 소형 드론이 우리 영공을 침범하여 서울 용산의 대통령실 인근까지 다녀가면서 심각한 안보 쟁점이 되었다. 우크라이나군은 '다윗과 골리앗의 싸움'으로 비유되는 러시아와의 전쟁에서 소부대 전투부터 전략적 타격까지 드론을 활용하여 러시아군은 물론 세계를 놀라게 하고 있다. 2022년 3월에 예멘의 후티 반군은 소규모 자폭 드론으로 사우디아라비아 정유 관련 시설의 5%를 마비시켰다.

드론은 4차 산업혁명 시대 군대의 창과 방패다. 미래의 전쟁터는 드론이라는 새로운 창과 방패가 주인공이 될 것이다. 그래서 3차 산업혁명 시대의 창과 방패로 싸우는 군대는 미래의 전쟁에서 이길 수 없을 것이다.

둘째, 드론이야말로 강소국 대한민국의 국가전략에 딱 맞는 수단임을 알리기 위해 이 책을 쓴다.

드론이 높은 가성비를 갖춘 수단임을 러시아와의 전쟁에서 우크라이나군이 보여 주고 있다. 드론의 출현으로 군사 강국의 분류 기준이 달라져야 할지도 모른다.

대한민국은 주변국과 비교하면 상대적으로 작은 규모의 나라이다. 지상군 상비전력만 110만 명을 보유하고 있는 북한의 재래식 군사력은 언제나 우리의 최대 안보 위협이다. 우리나라의 부국과 강병을 위해서는 드론을 군사 분야의 중요한 수단으로 활용하여야 한다.

셋째, 드론의 군사적 접목을 위해 꼭 필요한 요소인 '도전 정신'을 일깨우기 위해 이 책을 쓴다.

드론의 군사적 접목은 그동안 가 보지 않은 길을 가야 하는 분야이다. 그래서 도전 정신이 필요하다. 이미 정립된 법규와 업무 수행 절차로는 추진이 어렵기 때문이다.

새로운 기술의 군사 분야 접목은 속도가 관건이다. 드론도 마찬가지다. 군대는 창과 방패라는 수단의 끊임없는 대결이다. '현상 유지'라는 관성이 강하게 작용하는 관료주의가 항상 새로운 일의 추진에 걸림돌이다. 그래서 드론의 군사 분야 접목이 성공하려면 관료주의를 극복하여 속도를 내야 한다. '구슬이 서 말이라도 꿰어야 보배'라는 속담이 있다. 관료주의를 극복하고 일단 시작해 보아야 한다.

새로운 기술의 접목에 대한 저항과 머뭇거림은 항상 있었다. 대표적인 사례가 영국의 '적기조례'이다. 1826년에 실용화된 자동차가 등장하자 마부를 포함하여 마차라는 교통수단을 직업으로 하는 많은 사람이 반발했다. 영국은 마차산업을 보호하고 자동차산업을 규제하기 위해 1865년에 '붉은 깃발법(赤旗條例, The Locomotives on Highways Act)'

을 제정했다. 자동차가 많이 보급되면 마부들의 일자리가 없어지니 자동차는 마차보다 느리게 달려야 한다는 규제다. 이 법이 1896년에 폐기되었다. 그사이에 영국의 자동차산업 경쟁력은 바닥으로 떨어지고 후발주자인 독일, 미국, 프랑스가 세계 자동차산업의 주도권을 갖게 되었다. 새로운 길을 가는 것은 이처럼 어렵다.

마지막으로, 드론이 여는 전쟁을 빨리 준비해야 한다는 급한 마음에 충분하지 않은 지식으로 이 책을 쓴다.

드론이 미래 전쟁의 진정한 게임체인저(game changer)라는 사실을 널리 알리고 공감대를 넓혀 궁극적으로 우리의 국방력을 튼튼하게 하는 데 도움을 주고자 이 책을 쓰게 되었다. 이 책은 논리성도 충분히 갖추지 못했고 내용도 충분하지 않다. 하지만, 『손자병법』의 '졸속'의 개념을 적용하여 지금 상태로라도 빨리 드론의 중요성을 공감하고자 그동안의 생각과 글을 모아서 급한 대로 이 책에 담아 본다.

이 책이 관료주의를 극복하고 드론의 군사 분야 접목 속도를 높이는 데 작은 벽돌이 되길 소망한다!

# 목차

1장

# 드론이 여는 새로운 전쟁터!

# 우크라이나 전쟁의 퍼즐과 드론

## 풀리지 않는 우크라이나 전쟁의 퍼즐

**2년째 계속되고 있는 우크라이나와 러시아의 전쟁은 일반적인 상식으로는 풀리지 않는 퍼즐이다.** 예상과 달리 우크라이나가 이 전쟁에서 선전하고 있고, 반면에 러시아가 최초 계획했던 군사작전의 목표를 제대로 달성하지 못하고 있기 때문이다.

미국 다음으로 세계 최고의 군사력을 보유한 러시아가 2022년 2월 24일에 우크라이나를 침공했을 때 세상 사람들은 이 전쟁을 '다윗과 골리앗의 싸움'으로 보았다. 몇 주 이내에 러시아가 일방적인 승리를 할 것이라고 예측했다. 두 나라의 물리적인 군사력이 비교할 수 없을 만큼 차이가 크게 나기 때문이다.

러시아와 우크라이나의 국방예산 비율은 13:1이다. 물리적인 군사력의 비율은 6:1 정도이다. 심지어 러시아는 우크라이나는 전혀 보유하고 있지 않은 핵 능력도 보유하고 있다. 객관적인 국력을 비교해도 답이 나오지 않는다. 인구, 경제 규모, 영토 등의 국력 요소를 비교하면 우크라이나와의 전쟁은 전문가들의 예측대로 몇 주 안에 끝났어야 한다. 러시아의 국가 리더십과 군사 지도자들도 전쟁을 계획할 때 그 정도는 계산하고 전쟁을 시작했을 것이다.

러시아와 우크라이나 국력 · 군사력 비교
(World Fact Book(CIA)와 언론보도 종합)

| 구분 | | 러시아 | 우크라이나 |
|---|---|---|---|
| 국력 | 인구 | 141,698,923<br>(2023 추정치) | 43,306,477<br>(2023 추정치) |
| | 면적 | 17,098,242 sq km | 603,550 sq km |
| | real GDP | $4,078 trillion<br>(2021 추정치) | $535,579 billion<br>(2021 추정치) |
| 군사력 | 국방비 | $154,000 million | $11,870 million |
| | 정규군(명) | 90만 | 20만 |
| | 예비군(명) | 200만 | 90만 |
| | 전투기(대) | 1,511 | 98 |
| | 공격헬기(대) | 544 | 34 |
| | 전차(대) | 12,240 | 2,596 |
| | 장갑차(대) | 30,122 | 12,303 |
| | 야포(문) | 7,571 | 2,040 |

이처럼 객관적인 국력과 군사력의 차이가 크기 때문에 지구촌의 많은 군사전문가는 러시아가 이른 시간에 전쟁을 끝낼 수 있다고 보았다. 그런데 전쟁이 시작되고 한 주, 한 달이 지나면서 상황이 이상하게 돌아갔다. 러시아가 최초에 설정한 군사작전 목표의 달성에 실패한 것이다. 세상 사람들의 예상과 달리 18개월이 다 되어 가는 2023년 8월 말의 시점에서도 러시아는 이 전쟁을 종결하지 못하고 있다. 언제 전쟁이 끝날지 예측도 어려운 상황이 전개되고 있다. 이러한 상황은 언뜻 쉽게 풀리지 않는 퍼즐이다.

지금까지의 우크라이나 전쟁의 경과를 요약해 보면 크게 3단계로 구분할 수 있다.

우크라이나 전쟁의 1단계는 전쟁이 시작된 2022년 2월 24일부터 2022년 3월 말까지 약 한 달 동안의 전투이다. 이 단계에서 러시아군의 작전 주안은 우크라이나 영토에 대한 전면 공격을 통한 주요 도시의 점령이었다. 특히 수도인 키이우 점령이 핵심적인 목표였다. 여기에 대응하는 우크라이나군의 군사작전 주안은 자국의 수도인 키이우의 방어였다.

1단계는 예상 밖의 결과였다. 러시아군은 우크라이나 수도인 '키이우 점령'이라는 핵심 목표의 달성에 실패하였다. 반면에 우크라이나군은 러시아군의 전면 공격을 저지하면서 수도인 키이우를 방어하는 데 성공하였다.

우크라이나 전쟁의 2단계는 2022년 3월 말부터 2022년 12월 말까지

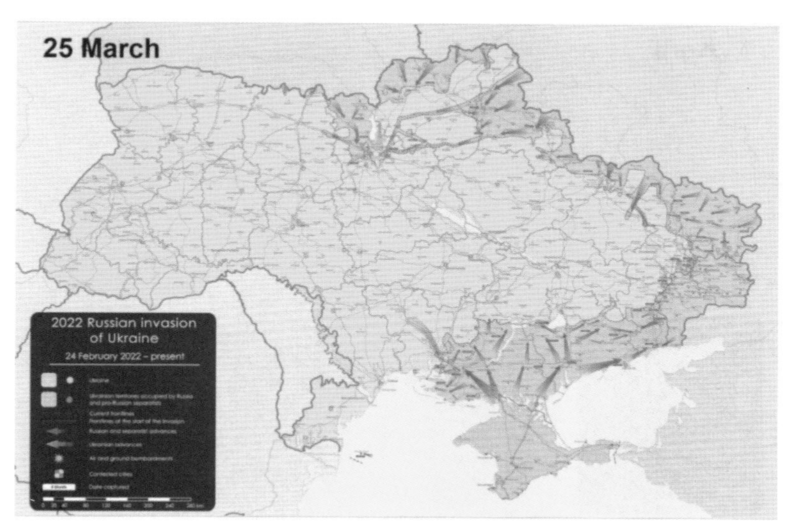


우크라이나 전쟁 1단계(2022.2.24.~3월 말)
(https://en.wikipedia.org/wiki/Russian_invasion_of_Ukraine)

의 전투이다. 이 단계에서 러시아군의 작전 주안은 초기 전투에 투입되었던 부대를 재정비하면서 우크라이나 남부와 남동부 지역을 장악하는 것이었다. 동시에 우크라이나군의 흑해 진출을 차단하는 작전을 전개하였다. 여기에 대응하는 우크라이나군의 작전 주안은 러시아군이 점령한 자국의 영토를 회복하면서 신속하게 전선을 남부 지역으로 확대해 가는 것이었다.

2단계에서는 전체적인 군사작전의 주도권이 우크라이나군으로 넘어왔다고 볼 수 있다. 러시아는 우크라이나 북동부 지역에서의 군사작전을 포기하고 동남부와 남부 지역의 장악에 집중하였다. 크림반도로 이

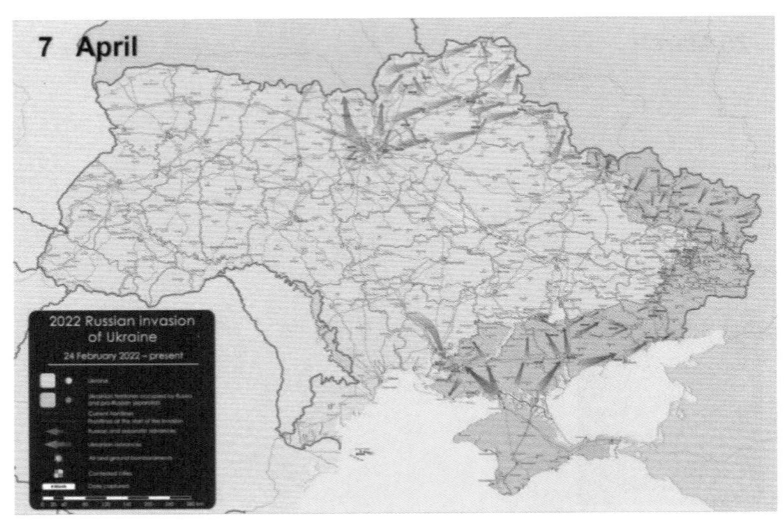


우크라이나 전쟁 2단계(2022년 3월 말~12월 말)
(https://en.wikipedia.org/wiki/Russian_invasion_of_Ukraine)

어지는 보급로의 확보도 이 단계에서 러시아군 군사작전 주안의 하나였다. 우크라이나군은 1단계에서의 수도 키이우 방어에 이어 러시아군이 점령했던 우크라이나 북동부 지역을 탈환하였다. 이어서 동남부와 남부의 요충지를 탈환하는 데 집중하였다.

3단계는 2023년 1월 1일부터 현재까지의 전투 단계이다. 이 단계에서 러시아군의 작전 주안은 대대적으로 전력을 보충하여 남부 지역에서 대규모 반격작전을 수행하는 것이었다. 추가 병력의 동원과 함께 미사일과 드론을 이용한 우크라이나 주요 시설과 기능의 타격에 집중하였다. 우크라이나는 남부를 저지하면서 실지를 탈환하는 데 집중하였다.

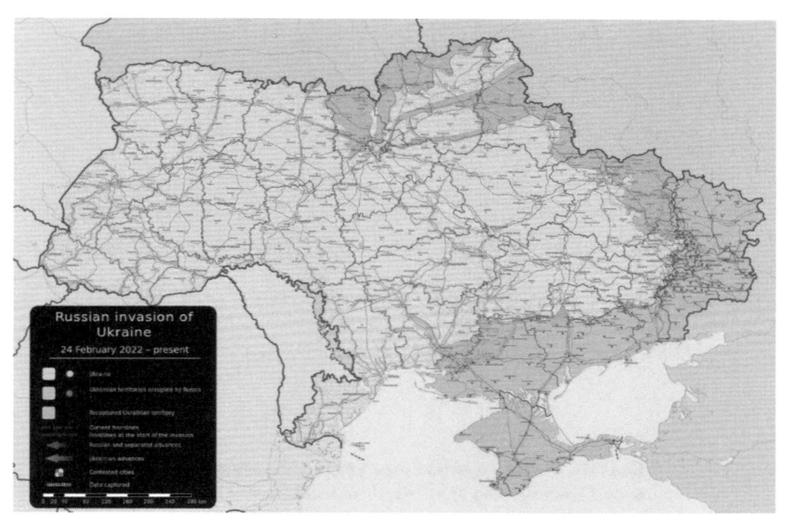


우크라이나 전쟁 3단계(2023년 1월~현재)
(https://en.wikipedia.org/wiki/Russian_invasion_of_Ukraine)

3단계는 우크라이나 전쟁이 남부 돈바스 지역에서 교착상태에 빠져 있음을 보여 준다. 러시아는 대규모 전력의 보충에도 불구하고 군사작전의 목표 달성이 쉽게 되지 않고 있다. 우크라이나는 미국, NATO 회원국 등 외부의 지원을 받으면서 지속해서 전투력을 증강하고 있다. 우크라이나군은 더디지만, 남부 지역의 실지 회복에 집중하고 있다. 최근에는 러시아군을 대상으로 대규모 반격작전까지 수행하고 있다.

이러한 결과에서 보듯이 러시아군은 초기 군사작전의 목표 달성에 실패하고, 전선도 여전히 교착상태에 빠져 있다. 아무도 예상하기 힘들었던 상황이 연출되고 있다. 이 전쟁에서 우크라이나군의 예상을 뛰

어넘는 선전은 그래서 여전히 이해가 쉽지 않은 퍼즐이다.

### 이 퍼즐의 답은 드론에서 찾아야 한다!

2022년 12월 2일 자 『워싱턴포스트』지는 우크라이나 전쟁을 인류 역사상 최초의 '드론 전면전'이라고 표현했다. 우크라이나 전쟁에서 드론이 중요한 역할을 하고 있음을 강조하는 대목이다.

**KHARKIV, Ukraine — A war that began with Russian tanks rolling across Ukraine's borders, World War I-style trenches carved into the earth and Soviet-made artillery pounding the landscape now has a more modern dimension: soldiers observing the battlefield on a small satellite-linked monitor while their palm-size drone hovers out of sight.**

**With hundreds of reconnaissance and attack drones flying over Ukraine each day, the fight set off by a land grab befitting an 18th-century emperor has transformed into a digital-age competition for technological superiority in the skies — one military annals will mark as a turning point.**

드론 전면전 관련 기사
(『워싱턴포스트』(2022.12.2.))

우크라이나군은 러시아군의 이동상황을 확인하는 '감시', 러시아군의 표적을 찾는 '정찰', 표적 타격을 위해 표적의 정확한 위치를 얻는 '표적획득', 표적을 공격하는 '타격' 등 군사작전의 다양한 기능에 드론을 활용하고 있다.

우크라이나군은 군사작전에 드론을 활용하기 위해서 가용한 모든 수단을 동원하고 있다. 군에서 보유하고 있는 드론은 물론 우크라이나 국민이 취미용으로 가지고 있던 드론까지 효과적으로 군사작전에 활용하여 톡톡히 효과를 보고 있다.

우크라이나는 전쟁이 시작되자 군사용 드론을 구매하여 전투에 투입했다. 미국을 포함한 우방국은 자폭 드론을 포함한 다양한 드론을 신속하게 우크라이나군에 보냈다. 전쟁 이전에 정보통신기술(ICT, Information and Communications Technology) 분야에 종사하던 많은 우크라이나 국민이 자발적으로 드론을 운용하는 부대에 입대해서 드론을 활용한 군사작전을 수행하고 있다.

우크라이나군의 이러한 노력과 전쟁 수행은 실질적인 결과로 나타났다. 2022년 한 해 동안의 전쟁 중에 우크라이나군은 드론으로 러시아군 전차 400여 대, 장갑차 2,000여 대를 파괴한 것으로 언론에 보도되고 있다. 우크라이나군의 4차 산업혁명 기술을 접목한 전쟁의 수행은 전쟁 초기에 러시아군을 심리적으로 아주 당혹스럽게 했다.

전쟁 초기에 러시아군이 우크라이나 북쪽에서 서남쪽까지 넓은 정면에서 공격했다. 1,000㎞가 훨씬 넘는 우크라이나 국경에서 전투가 진행된 셈이다. 이렇게 넓은 정면에서 러시아군의 진격을 포함한 적정을 감시하려면 많은 인력과 장비가 필요하다. 우크라이나군은 드론을 활용하여 효과적으로 이렇게 넓은 전투 지역을 감시했다. 러시아군의 움직임을 먼저 발견하고 대비하거나 타격했다.

우크라이나 국경과 전쟁 초기 전투 정면
(https://newsroom.ucla.edu/file?fid=622ff7fc2cfac27230c6cff5)

2022년 후반기부터 우크라이나군은 러시아 영토 내부 깊숙이 드론을 침투시켜 전략적 표적을 타격하기 시작했다. 초기에는 국경 인근에 있는 러시아군의 탄약 저장시설이나 유류 저장시설을 타격했다. 이후에 점차 러시아 내륙 깊숙한 곳에 있는 전략폭격기를 운영하는 공군기지를 타격했다. 2023년 5월 3일에는 마침내 푸틴 러시아 대통령이 있는 크렘린궁을 타격했다.

러시아군이 상상하지도 못했던 4차 산업혁명 시대의 전쟁이 전개되었다. 그래서 언론에서는 이 전쟁을 '드론 전면전'으로 표현하고 있다. 4차 산업혁명 시대의 기술을 접목한 전투에 골리앗인 러시아군이 다윗에 비교되는 우크라이나군의 저항에 고전하고 있다. '다윗과 골리앗의 싸움'에서 다윗이 이기는 우크라이나 전쟁에 대한 퍼즐은 드론으로 풀 수 있다.

# 드론이 새로운 전쟁의 장을 열고 있다!

## 4차 산업혁명 시대 전쟁의 본격적인 시작

드론이 전장에 투입되면서 본격적으로 4차 산업혁명 시대의 전쟁이 시작되었다. 3차 산업혁명 시대의 전쟁을 지상군의 작전을 예로 들어 설명해 보자. 3차 산업혁명 시대 지상군의 작전은 2차원의 평면적 작전이 주를 이루었다. 지상의 길을 따라서 주력 전투력이 이동한다. 땅에 붙어 있는 수단인 전차, 장갑차, 포병, 박격포 등으로 표적을 타격한다. 공중 공간의 이용은 헬기를 활용한 공격이나 장비와 물자, 병력의 수송 정도이다. 물론 공중 공간에서는 공군과의 협조된 작전 과정에서 전투기를 포함한 공군 자산이 지상군의 작전을 지원했다. 그러나 공중 공간이 지상군의 핵심 싸움터는 아니었다.

우크라이나 전쟁은 이러한 3차 산업혁명 시대의 전쟁과 확연하게 다른 모습을 보여 주고 있다. 지상작전이 3차원으로 완전히 입체화되고 있다. 공중에서 적을 보고, 지상과 공중에서 동시에 적을 타격한다. 지상군이 사용하는 공중 공간도 우주로 확장되었다. 지상군은 우주라는 영역을 활용하여 정보를 유통하고, 이를 바탕으로 신속하게 결심하여 빠르게 적을 타격한다.

그래서 드론을 필두로 다양한 4차 산업혁명 기술이 접목되고 있는 우크라이나 전쟁은 4차 산업혁명 시대의 전쟁이라고 할 수 있다. 3차 산업혁명 시대의 전투와는 완전히 다른 장소에서 다른 방식으로 전쟁을 수행하기 때문이다.

우크라이나군은 드론을 운용하기 위해서 우주 공간을 활용하였다. 전쟁 초기에 러시아군의 공격으로 우크라이나 지상에 설치된 유선과 무선 통신중계시설이 모두 파괴되었다. 드론은 무선으로 조종하는 비행체이다. 그래서 무선통신이 가능해야 드론을 사용할 수 있다. 지상에 있는 시설이 기능을 발휘하지 못했기 때문에 우크라이나군에게는 공중 공간이 필요했다. 우주를 포함한 공중 공간에 있는 중계시설을 활용하면 무선으로 정보유통이 가능하기 때문이다.

우주 공간을 활용하여 무선통신 서비스를 제공하는 스타링크라는 시스템이 사용되었다. 스타링크는 우주에 올린 위성을 이용하여 지상에서 무선으로 정보 유통을 하게 해 주는 시스템이다. 우크라이나군은 스타링크 시스템을 활용하여 드론이 공중에서 적을 찾고, 적을 타격하는 데 활용하기 시작했다. 공중 공간을 이용한 무선통신 시스템에 의해 드론의 운용이 가능해졌기 때문이다.

3차 산업혁명 시대에는 무선통신이 잘 안 되면 주변의 높은 산에 중계소를 운영하여 해결했다. 우주 공간을 활용하는 스타링크의 투입으로 인해 우주가 지상군의 가장 높은 고지가 된 셈이다. 우주는 인공위성이 떠다니고, 장거리 전화나 방송중계에 사용되는 공간 정도로 일반인에게 인식이 되어 있었다. 그런데 4차 산업혁명 기술이 접목되면서 우주 공간이 중요한 지상 작전의 영역이 된 것이다. 이런 측면에서 드론이 투입된 우크라이나 전쟁은 3차 산업혁명 시대의 전쟁과는 근본적인 차이가 난다. 스타링크와 우주 공간 활용의 세부 내용은 이 책의 3장에 자세히 설명되어 있다.

드론이 전장에서 새로운 게임체인저로 등장하면서 여기에 대응하는 전술과 기술도 함께 발전하고 있다. 러시아군은 우크라이나군의 드론에 맞서기 위한 다양한 방법을 사용하였다. 관측된 드론에 직접 사격을 해서 떨어뜨리기도 했지만, 주로 전자전을 수행하여 드론에 대응하였다. 러시아군의 드론에 맞서는 우크라이나군의 상황도 유사했다.

무선통신 방해용 전자기파를 방사하여 무선으로 조종되는 드론이 조종되지 못하게 하거나, 드론 조종에 사용되는 동일 주파수를 사용하여 상대의 드론을 탈취하는 방법이 주로 사용되었다. 3차 산업혁명 시대의 전쟁에서도 전자전은 사용되었다. 적의 통신 주파수를 확인한 후 동일 주파수를 사용하여 상대의 통신을 방해하였다. 적이 사용하는 동일 주파수 대역의 전파를 발사하여 통신을 방해하는 적극적인 방법도 사용되었다. 또한, 적이 아군의 통신을 방해하는 전자전에 대응하기 위한 여러 가지 방법도 개발되고 적용되었다. 4차 산업혁명 기술이 접목된 시대의 전자전은 음성통신뿐만 아니라 데이터 통신까지 대상이 되었다. 대표적인 대상이 무선으로 조종되는 드론이다.

4차 산업혁명 시대의 전장에서 드론을 사용하는 사람들은 상대의 전자전을 극복하면서 드론을 효과적으로 사용하는 방법과 기술을 찾고 적용한다. 요즘 화제가 되고 있는 골판지로 제작한 드론이 그러한 노력의 일환이라고 볼 수 있다.

호주의 SYPAQ가 개발한 Corvo Precision Payload Delivery System (PPDS)이라고 불리는 드론이 주인공이다. 왁스 처리한 골판지를 접어 만든, 대당 약 460만 원(3천500달러)의 이 드론은 날개 너비가 2m이며, 3kg 중량의 물자를 싣고 시속 60㎞로 비행할 수 있다. 작전반경은 약 120㎞이다.

골판지 드론
(https://corvouas.com.au/our-products/)

반대로 상대의 드론을 차단하는 사람들은 상대의 드론을 전자적인 기술과 방법으로 무력화시키는 방안을 찾고 적용한다. 4차 산업혁명 시대 전장의 우열은 이처럼 드론을 둘러싼 창과 방패의 싸움이 핵심이 되었다. 이런 측면에서 우크라이나 전쟁은 기존의 3차 산업혁명 시대의 전쟁과 근본적으로 다르다고 할 수 있다.

## 드론으로 인한 군사작전의 변화

드론이 새로운 전쟁의 장을 열면서 군사작전에 많은 변화를 가져오고 있다. 첫째, 군사력을 평가하는 기준을 바꿔야 할 시기가 왔다. 나라별 군사력을 평가할 때, 지금까지는 군대의 물리적인 규모가 주요 비교의 기준이었다. 전투원의 숫자, 첨단 전차나 전투기, 군함의 숫자가 중요했다. 이러한 물리적인 군대의 규모가 크면 군사 강국으로 불린다. 이제는 이러한 군사 강국의 기준이 달라져야 할 처지이다. 군사력에 4차 산업혁명 기술을 많이 접목한 나라가 군사 강국이 될지도 모른다. 이러한 기준을 만드는 계기가 바로 드론의 군사적 운용이다.

둘째, 싸우는 방법도 변화되고 있다. 변화의 동력을 제공하는 주인공은 역시 드론이다. 전투의 현장에 드론이 투입되면서 싸우는 방법이 달라졌다. 기존에는 보이지 않던 거리나 위치에서 상대를 볼 수 있게 되었다. 드론이 기존의 전투원이 운영하던 수단과 결합하여 시너지를 내고 있다. 이를 유무인 복합이라고 한다. 유무인 복합전투체계는 더 적은 규모의 전투원을 투입하여 더 멀리 보고, 더 빨리, 더 정확하게 표적을 타격할 수 있게 하고 있다. 사람이 접근할 수 없는 장소, 접근할 수 없는 시간에 드론이라는 전투 수단의 투입이 가능해졌다.

셋째, 싸우는 장소도 변화되고 있다. 드론을 필두로 한 4차 산업혁명 기술을 군사작전에 접목한 덕분이다. 지상군의 작전을 예로 들어 보자. 지금까지의 지상 작전은 2차원적인 평면작전 위주였으나 이제는 3차원적인 입체적 작전이 훨씬 수월해졌다. 우주까지 지상 작전의 영역이 확장되었다. 드론 운용에 필요한 정보를 인공위성을 통해 주고받고 있기 때문이다. 우주 영역을 활용하지 않고는 지상 작전이 어려운 상황이 되었다. 싸움의 상대인 적의 군대와 직접 물리적으로 접촉하지 않아도 전투 수행이 가능해졌다. 적과 접촉이 되지 않는 먼 거리에서도 드론이라는 군사작전의 수단을 쓸 수 있기 때문이다.

넷째, 싸우는 수단도 변화되고 있다. 드론의 종류는 크기, 가격, 용도 등의 측면에서 다양하다. 이러한 드론이 제공하는 다양성은 싸우는 수단의 선택지를 넓히고 있다. 특히 가격 측면에서 드론은 낮은 비용으로 전장에 필요한 수단을 확보하여 활용할 수 있도록 해 주고 있다.

예를 들어 우크라이나군은 드론을 사용하여 러시아군 전차 수백 대를 파괴했다. 투입된 비용에 대비하여 효과가 매우 높다. 동일 효과를 낼 수 있는 수단이 여러 가지 있다고 하면 당연히 낮은 비용으로 동일 효과를 낼 수 있는 수단을 선택해야 한다. 전쟁의 수행에는 상상을 초월하는 비용이 수반되기 때문이다. 러시아라는 강대국과 전면전을 수행해야 하는 우크라이나군의 입장에서는 그러한 가성비의 추구가 더욱 절실하다. 그러한 우크라이나군의 절실함을 드론이 채워 주고 있다.

전쟁의 수행에 필요한 수단의 확보는 양과 질도 중요하지만 확보하는 시간도 중요하다. 아무리 성능 좋은 수단이 있어도 당장 필요한 곳에 투입될 수 없다면 종이호랑이에 불과하다. 상대적인 힘이 강한 나라인 러시아의 침공을 받은 우크라이나도 마찬가지이다. 성능이 좋은 우수한 장비가 몇 개월 후에 들어오는 것보다, 성능이 다소 낮더라도 당장 사용이 가능한 장비가 더 필요하다. 여기에 답을 준 수단이 드론이다.

드론은 별도의 준비 없이도 배터리만 충전되고 무선통신만 가능하면 언제, 어디서나 사용할 수 있다. 일반인이 취미용으로 사용하던 드론도 별도의 조치 없이도 바로 전장에 투입하여 사용할 수 있다. 물론 성능이 우수하고 규모도 크고 가격도 비싼 드론은 상황이 다를 수 있다. 보안대책도 강구되어야 하고 조종을 위한 별도의 숙달 훈련도 필요하다. 그러나 취미용 드론은 그런 과정과 절차가 별도로 필요 없다. 그래서 바로 현장에 투입할 수 있다. 물론 이러한 취미용 드론은 그 성능이 매우 낮다. 그러나 모든 수단이 당장 아쉬운 우크라이나군에게는 큰 도움이 되는 수단이었다.

드론은 이처럼 민간의 자산도 효과적으로 활용이 가능한 수단이다. 우크라이나군은 드론을 활용하여 신속하게 필요한 정찰과 타격 수단을 확보할 수 있었다. 이러한 수단을 활용하여 러시아군의 키이우 점령을 차단할 수 있었고 북동부의 러시아군 점령 지역도 되찾을 수 있었다.

드론 전면전이 된 우크라이나 전쟁은 그래서 본격적인 디지털 전쟁이 시작되었음을 우리에게 알리고 있다. 그래서 드론이 새로운 전쟁의 장을 열고 있다고 할 수 있다.

## 드론 기술 개발 경쟁

드론의 군사작전 접목을 위한 기술 개발도 경쟁적으로 진행되고 있다. 드론에는 다양한 4차 산업혁명 기술이 접목될 수 있다. 인공지능 관련 기술도 접목될 수 있고, 빅 데이터(Big Data) 관련 기술도 접목할 수 있다. 드론을 더 가볍게, 더 멀리까지 보내려면 새로운 기술과 방법이 계속 사용되어야 하기 때문이다.

드론이 더 많은 중량을 들어 올릴수록 군사적으로 활용 범위가 넓어진다. 적의 전자전에 영향을 받지 않으면서 더 안전하게 무선으로 정보를 주고받을수록 군사적인 효용성이 높아진다. 그래서 드론을 군사작전에 효과적이고 효율적으로 사용하기 위한 경쟁이 치열하게 전개되고 있다.

드론과 관련된 기술의 개발은 미국과 중국이 선도하는 상황이다. 미국과 중국은 자국의 축적된 자본, 축적된 4차 산업혁명 기술, 축적된 정보통신(ICT) 전문가를 활용하여 도전적으로 드론을 군사작전에 접목하는 시도를 하고 있다. 중국은 드론용 무인 항공모함까지 이미 진수했으니 드론의 군사적 활용의 범위는 이미 우리의 생각을 초월해서 발전하고 있다고 할 수 있다.

미국과 중국이 드론 기술의 개발을 선도하고 있지만, 정보통신 분야의 기술이 축적되고 전문가가 많이 양성된 인도, 이스라엘과 같은 나라도 유사한 노력을 하고 있다. 인도는 이미 세계 최초로 군집 드론 무기

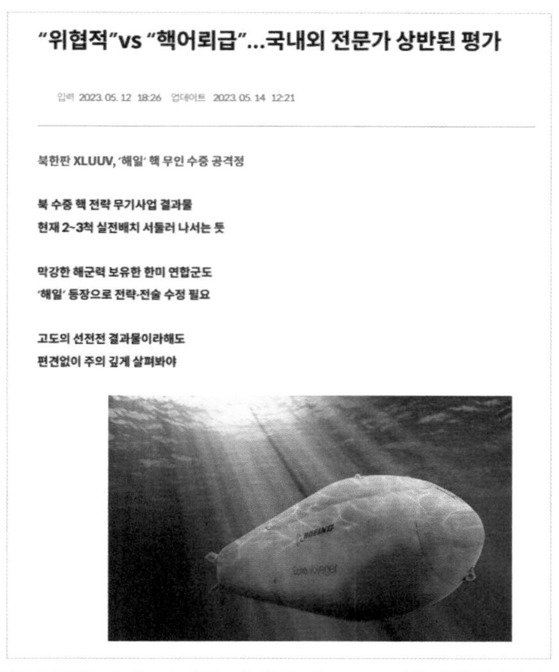

"위협적"vs "핵어뢰급"…국내외 전문가 상반된 평가

입력 2023. 05. 12 18:26 업데이트 2023. 05. 14 12:21

북한판 XLUUV, '해일' 핵 무인 수중 공격정

북 수중 핵 전략 무기사업 결과물
현재 2~3척 실전배치 서둘러 나서는 듯

막강한 해군력 보유한 한미 연합군도
'해일' 등장으로 전략·전술 수정 필요

고도의 선전전 결과물이라해도
편견없이 주의 깊게 살펴봐야

북한 '해일' 관련 기사. 사진은 미 해군의 XLUUV(초대형급 무인잠수정, Extra Large Unmanned Undersea Vehicle) 오르카의 기술적 토대를 제공한 개발시험모델 에코 레인저 개념
(『국방일보』(2023.5.12.))

체계를 육군에 도입하였다. 북한도 최근에 자체 개발한 무인수중핵추진 어뢰인 '해일'이 1,000㎞ 이상 성공적으로 잠행했다고 발표할 정도로 자국의 드론 관련 기술의 수준을 과시하고 있다. 군사적으로 우리와 대치하고 있는 북한의 드론 관련 기술의 개발과 발전도 매우 빠르게 전개되고 있다.

## 전쟁터의 게임체인저, 드론

**드론이 군사작전에 투입될 경우, 다음과 같은 이유로 전쟁터의 게임체인저(game changer)가 될 것이다.** 군사적인 관점에서 드론이 주는 이점이 많기 때문이다.

첫째, 드론을 잘 활용하면 소위 '약소국의 역설'을 구현할 수 있다. 상대적으로 힘이 약한 나라가 힘이 강한 나라에 목소리를 내거나 심지어는 싸움에서 이기는 경우를 '약소국의 역설'이라고 한다. 드론은 투입 대비 효과가 높다. 그래서 높은 가성비를 제공한다. 이에 따라 경제력이 충분하지 않은 나라도 많은 수의 드론을 보유하고, 다양한 분야에 사용할 수 있다. 재래식 무기체계는 드론과 비교하면 가성비가 훨씬 낮아서 경제력이 약한 나라에는 불리했다. 드론이 이런 기존의 틀을 바꿀 수 있게 해 준다. 그래서 상대적으로 힘이 약한 나라에 최상의 비대칭 수단이 될 수 있다.

둘째, 드론은 투입되는 비용과 대비해서 효과가 아주 큰 군사작전의 수단이다. 전투기와 자폭 드론을 비교해 보자. 현존하는 최첨단 전투기는 F-35, F-22와 같은 5세대 전투기이다. 5세대 전투기 1대의 가격은 대략 2,000억 원 내외이다. 현존하는 자폭 드론 중에서 성능이 우수한 드론의 가격은 3억 원 내외이다. 첨단 전투기 1대를 구매하는 예산이면 자폭 드론 1,000여 대를 확보할 수 있다. 자폭 드론 1,000대가 동시에 군사작전에 투입되면 군사작전의 상황별로 차이가 크겠지만 충분히 5세대 전투기 1대 이상의 타격 효과를 낼 수도 있다. 2021년에 예멘의 후티 반군이 공격용 소형 드론으로 사우디아라비아의 정유시설을 타격하여 큰 피해를 준 사례가 이를 증명한다. 당시 사우디아라비아군은 자국의 정유시설을 방호하기 위해서 고가의 대공미사일인 패트리엇이나 사드(THAAD, Terminal High Altitude Area Defense)체계를 운용하고 있었다. 후티 반군이 사용한 공격용 드론의 가격은 3억 원이 채 되지 않았을 것이다. 드론이 얼마나 가성비가 높은 군사 장비인지를 보여 주는 하나의 사례이다.

셋째, 드론은 군사작전의 모든 기능에 사용할 수 있다. 군사작전의 기능은 크게 6가지 분야로 구분할 수 있다. 적을 찾고(정보), 적을 타격하고(화력), 적과의 전투를 위해서 전투력을 이동시키고(기동), 자신의 전투력을 방호하고(방호), 전투행위를 위해 지휘통제나 통신을 하고(지휘통제통신), 전투력의 유지를 위한 지원(작전지속지원)을 하는 기능을 전장의 6대 기능이라고 한다. 드론은 적을 찾고 타격하는 데만 사용하는 장비가 아니다. 이들 기능을 모두 수행할 수 있는 장비이다. 드론에 중계용 장비를 장착하여 운용하면 지휘통제통신 기능을 수행할 수 있다. 드론에 장애물을 찾거나 장애물을 제거하는 기능을 장착하면 방호 기능이나 기동 기능의 수행이 가능하다. 드론을 이용하여 물자, 장비, 사람을 옮길 수 있다면 작전지속지원 기능을 수행할 수 있다. 빠르게 발전하고 있는 4차 산업혁명 기술을 드론에 접목하면 군사작전의 모든 기능의 수행이 가능하다.

넷째, 드론을 군사작전에 사용하면 인명 손실을 최소화할 수 있다. 미군이나 이라크군은 지금도 IS, 알카에다, 탈레반과 같은 테러 집단과 전쟁을 하고 있다. 드론은 이러한 테러 집단의 지도자를 제거하는 데 효과적으로 활용되고 있다. 직접 특수작전을 수행하는 장비와 전투원을 위험 지역에 투입하지 않아도 작전목적을 달성할 수 있기 때문이다.

미군이 파키스탄에서 빈 라덴을 제거하는 작전에 특수부대가 투입되었다. 작전의 수행 과정에서 기능 고장이 발생한 특수목적용 헬기 1대를 현장에서 파괴했다. 이처럼 군사작전은 항상 인명 손실이나 고가의 장비 손실과 같은 위험이 수반된다. 드론을 사용하면 이러한 손실을 최소화하면서 군사작전을 수행할 수 있다.

다섯째, 드론을 사용하면 외과수술식 핀포인트(pin point) 타격이라는 정밀한 군사작전이 가능하다. 군사작전의 목적으로 적의 인원이나 시설, 장비를 타격할 때는 정확도에 따라서 의도하지 않은 피해가 있을 수 있다. 이러한 피해를 군사적으로는 '부수적 피해(Collateral Damage)'라고 한다. 예를 들어, 중동 지역에서 테러 집단의 지도자가 특정한 건물에 있다고 확신하여 그 건물을 타격했을 때 목표로 했던 테러 집단의 지도자만 제거하면 되는데, 건물 내부나 건물 주변에 있는 의도하지 않은 인원까지 피해를 줄 수 있다. 드론을 사용하면 고가치 표적만 제거하고 이러한 부수적 피해를 최소화할 수 있다.

지금까지 적을 타격할 때 사용하는 수단은 일단 투발 수단을 떠나면 반드시 폭발하게 되어 있다. 미사일이나 포병 또는 전투기의 예를 들면, 일단 이러한 무기에서 탄이 발사되면 정해진 시간에 반드시 목표한 지점에서 폭발한다. 드론은 좀 다른 형태로 표적을 공격할 수 있다. 투발 수단에서 출발한 드론은 표적 주변에 도착하면 바로 표적을 타격할 수도 있지만, 표적 주변을 비행하면서 원하는 시간에 원하는 방향에서

주변을 선회하면서 원하는 시간에 원하는 표적을 타격하는 Harop drone
(https://www.iai.co.il/p/harop)

원하는 각도로 배사면, 산의 뒤쪽 경사면과 같은 곳에 있는 갱도, 포병 진지 등의 표적을 타격할 수 있다. 드론이라는 타격 수단을 쓰면 부수적 피해의 최소화가 가능한 이유이다.

앞의 설명에서와 같이 드론이 본격적인 4차 산업혁명 시대의 전쟁을 하면서 군사작전에 많은 변화를 가져오고 있다. 그래서 드론은 새로운 전쟁터를 열고 있다고 할 수 있다.

지금 전쟁이 진행되고 있는 우크라이나에서의 상황이 그렇다. 일반인이 사용하던 취미용 드론부터 미국이 개발하여 사용하고 있는 자폭 드론인 스위치블레이드(Switchblade)까지 다양한 드론이 전장에 투입되어 세계 최강의 군사력을 보유했다고 평가되고 있는 러시아군과 당당하게 싸우고 있다. 러시아군도 이란으로부터 도입한 드론을 포함한 다양한 형태의 드론으로 우크라이나의 핵심 군사시설과 국가시설을 타격하고 있다. 드론이 우크라이나 전쟁에서 게임체인저가 되었다.

한반도로 시선을 옮겨 보아도 2022년 12월 26일에 발생한 북한 소형 드론의 서울 상공 침입이 그렇다. 북한의 소형 드론이 서울 상공에 침입하여 공격용 전투기까지 출력시켰으나 제압하지 못했다. 오히려 이 과정에서 우리 군의 KA-1 공격용 전투기 1대가 이륙하는 과정에서 추락하는 손실이 발생했다. 드론의 효용성이 이미 한반도에서도 증명되고 있다.

## 우리의 '드론 전쟁' 준비 속도는 불충분!

우리 군도 드론이 바꿔 놓는 전쟁의 수단과 싸우는 개념으로부터 자유로울 수 없다. 다행히도 우크라이나 전쟁을 '드론 전면전'이라고 할 정도로 현재의 전장에서 이미 드론이 중요한 역할을 하고 있다는 사실에 우리 군도 깊게 공감하고 있다. 그래서 드론작전사령부도 창설하고 신속한 드론의 도입도 발표하고 있다.

그러나 이미 전장의 게임체인저가 된 드론과 연관된 국내의 상황은 순조롭지 않다. 우리나라의 드론 관련 기술력이 북한을 포함한 다른 나라와 비교할 때 대등하거나 충분하다고 하기 어렵다. 복잡하고 시간이 많이 소요되는 현재의 획득제도로는 신속한 드론의 도입이 제도적으로 쉽지 않다. 드론이라는 과거에 존재하지 않던 새로운 수단을 군에 도입하려면 관료들의 도전 정신이 수반되어야 하는데, 관료사회의 문화가 이런 상황을 수용하기에는 쉽지 않은 상황이다. 그러다 보니 드론의 중요성과 활용의 필요성에는 깊이 공감하지만, 이 공감이 실제 전투력 발휘로 전환되는 속도가 충분하지 않다.

지금의 상황이 호전되지 않아서 만약 국내 기술력이 불충분한 상태로 중국 기술로 생산된 드론이 군에 계속 공급된다면 중국에 기술 및 공급망이 종속화될 우려가 있다. 중국이나 북한과의 무력 분쟁 상황이 발생하면 드론 관련 기술과 부품, 재료의 확보가 쉽지 않을 수 있다. 드론 관련 기술의 국산화가 신속하게 추진되어야 할 이유이다.

이런 사안에 대한 공감을 넓히고자 이 책을 써 본다. 민간과 군에서 드론이 많이 언급되고 있지만, 정작 드론의 군사적 필요성과 관련 정책 추진의 방향까지를 제시하는 책을 발견하기가 쉽지 않은 상황이기 때문이다.

2장

# 드론의 비행 원리와 주요 쟁점

# 드론이란 무엇인가?(드론의 정의)

관련 법률에 따르면 드론은 매우 광범위하게 정의된다. 「드론 활용의 촉진 및 기반조성에 관한 법률」은 드론을 "조종자가 탑승하지 아니한 상태로 항행할 수 있는 비행체"로 정의하고 있다. 구체적으로는 "「항공안전법」 제2조제3호에 따른 무인비행장치, 「항공안전법」 제2조제6호에 따른 무인항공기, 그 밖에 원격·자동·자율 등 국토교통부령으로 정하는 방식에 따라 항행하는 비행체"로 규정하고 있다.

조종자가 탑승하지 않은 상태로 항행하는 비행체는 그 종류가 다양하다. 날개의 기능을 기준으로는 회전익 비행체와 고정익 비행체로 구분할 수 있다. 크기도 다양하다. 곤충 크기 정도의 비행체로부터 여객기 크기의 매우 큰 비행체도 있다.

나라별로 다양한 기준을 적용하여 드론의 종류나 등급을 정할 수 있다. 참고로, 미국의 경우를 살펴보면, 미국 국방부는 드론을 고도, 속도, 무게, 크기 등을 기준으로 5개의 등급으로 분류한다.

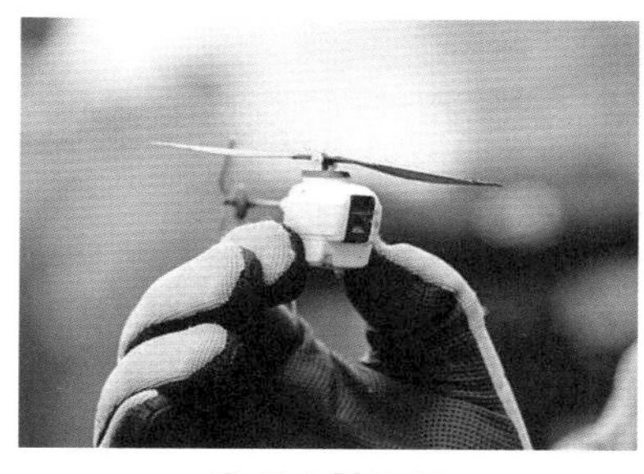

① 초소형 드론
(https://en.wikipedia.org/wiki/Micro_air_vehicle)

② 꿀벌 크기 드론
(https://en.wikipedia.org/wiki/Micro_air_vehicle)

③ 회전익 드론
(https://en.wikipedia.org/wiki/Quadcopter#/media/File:Quadcopter_camera_drone_in_flight.jpg)

④ 고정익 드론
(https://en.wikipedia.org/wiki/AAI_RQ-7_Shadow)

이 분류등급을 적용하면 최근에 서울 상공에 침투한 북한 소형 드론은 비행고도 3,000m, 속도 162㎞/h, 크기 3.3m×4.3m로 그룹 3에 해당한다.

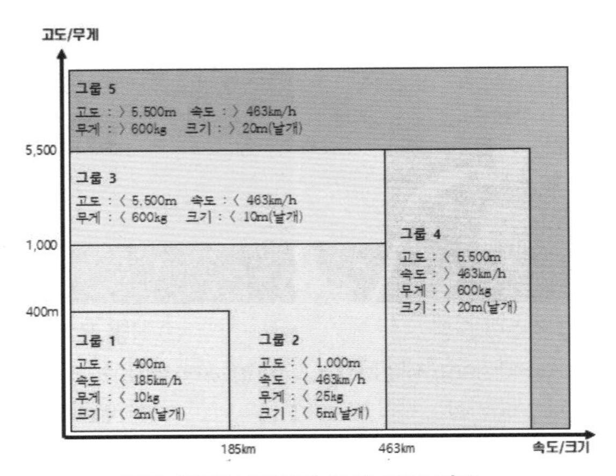


미국 국방부 무인기 등급 분류 기준
(미국 국방부)

# 드론은 어떻게 날까?(드론의 비행 원리)

**드론의 비행 원리는 일반 항공기와 같으면서 또 다르다.** 처음 드론을 구매하여 한참 날리는 재미를 느낄 때 드론의 날개 역할을 하는 블레이드(로터)를 잘못 결합하여 드론이 땅에 처박히고 블레이드를 모두 파손한 경험이 있다.

날개를 새것으로 교체하여 날렸는데 또 떨어졌다. 자세히 설명서를 읽어 보니 날개의 결합 위치가 잘못되어 있었다. 드론의 비행 원리에 대해서 알아보지도 않고 그냥 최초 결합한 상태로 드론을 날리는 요령만 터득하려고 했던 기억이 난다.

드론 전문가가 아닌, 드론에 대한 무경험자나 새로 입문한 사람들을 위해서 드론의 비행 원리를 정리해 본다.

## 일반 항공기의 비행 원리

드론의 비행 원리를 알아보기 전에 일반적인 항공기의 비행 원리를 보자. 물체가 공중에 떠서 움직이고 다시 땅으로 내려오는 과정에서는 일반적으로 4가지의 힘이 작용한다. 양력(lift force), 중력(gravity), 추력(thrust), 항력(drag)이라는 힘이다.

비행체는 이 네 가지 힘의 균형과 변화에 따라 움직임을 달리한다. 만약 비행체가 같은 고도를 유지한다면 양력과 중력의 크기가 같은 상태이다.

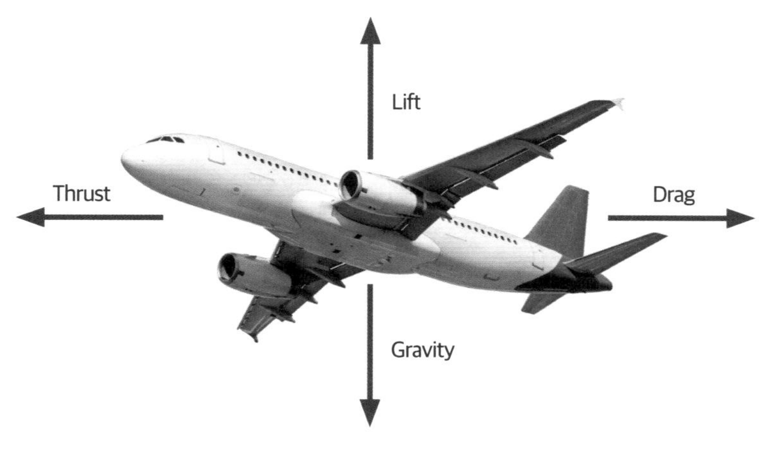


비행체에 작용하는 4가지 힘

- 양력(lift force): 양력이란 물체를 뜨게 하거나 뜨는 힘(揚力, 날릴 양, 힘 력)이다. 밑에서 위로 작용하는 압력이 있어야 물체가 공중으로 떠오른다. 무게가 있는 모든 물체는 지구 중심으로부터 당기는 힘인 중력이 작용한다. 그래서 물체에 가해지는 중력보다 위로 작용하는 힘인 양력이 크면 물체가 공중으로 뜬다. 비행체에서 양력을 발생시키는 구성 요소는 날개다.
- 중력(gravity): 중력이란 어떤 물체의 무게로 인해 지구가 잡아당기는 힘이다. 사과나무에 열린 사과가 떨어지는 이유도 이 중력 때문이다. 중력이 존재해서 사람이 공중에 떠다니지 않고 땅에서 살고 있다.
- 추력(thrust): 추력이란 물체를 앞으로 나가게 하는 힘이다.
- 항력(drag): 항력이란 앞으로 나가는 물체에 반대로 가해지는 힘이다. 뉴턴의 제3법칙인 '작용과 반작용의 법칙'에 따라 어떤 물체가 어떤 방향으로 이동하면 항상 같은 크기의 힘이 물체의 반대 방향으로 작용한다.

## 드론의 비행 원리

드론의 비행 원리는 이러한 4가지의 힘과 함께 추가적인 설명이 필요하다. 이 글에서는 날개가 4개 달린 멀티콥터 드론을 기준으로 드론의 비행 원리를 설명한다.

### 드론 프로펠러의 회전 방향

드론의 비행도 앞서 말한 4가지 힘의 원리를 적용한다. 드론은 회전익 비행체이다. 그러나 헬리콥터와 비행 원리가 다르다.

프로펠러가 4개인 드론의 경우 프로펠러 4개의 회전 방향이 다르다. 2개는 시계 방향으로 회전하고 2개는 반시계 방향으로 회전한다. 드론의 프로펠러는 대각선끼리 같은 방향으로 회전한다. 그렇게 하지 않으면 '작용과 반작용의 법칙'에 따라 드론의 몸체가 프로펠러 회전과 반대 방향으로 회전하기 때문이다.

각각의 프로펠러 사이의 거리도 같다. 프로펠러의 모양은 경사진 형태이다. 그래서 프로펠러를 잘못 결합하면 드론이 정상적으로 조정될 수 없다.

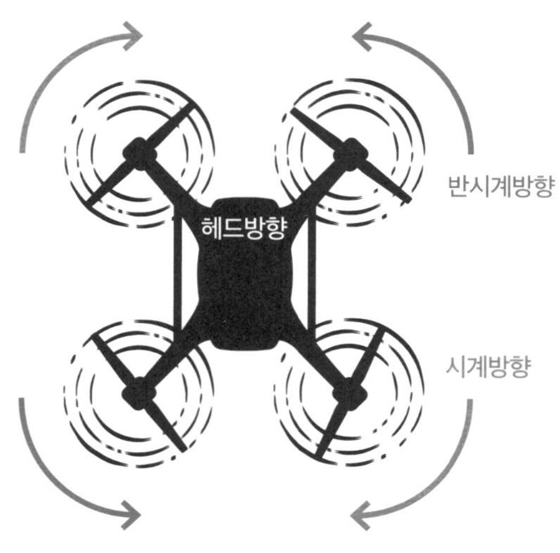


드론 프로펠러 회전 방향

헬리콥터의 프로펠러가 2개(메인로터, 테일로터)인 이유도 작용과 반작용 원리 때문이다. 만일 헬기의 프로펠러가 1개만 달려 있다면 이 프로펠러가 어느 한 방향으로 회전할 경우 헬기의 몸체는 반시계 방향으로 회전하게 된다. 회전익 비행체의 로터가 회전할 때 동체는 반대 방향으로 돌아가는, 작용과 반작용의 원리 때문이다.

### 드론이 공중에 뜨는 원리

드론은 비행기가 이용하는 '양력'과 함께 '반작용력'을 이용하여 공중에 뜬다. 양력은 드론에 달린 프로펠러를 회전시켜 바람을 아래로 내려보낼 때 드론을 위로 올리는 힘이다. 이 양력이 드론에 가해지는 중력보다 크면 드론이 뜬다.

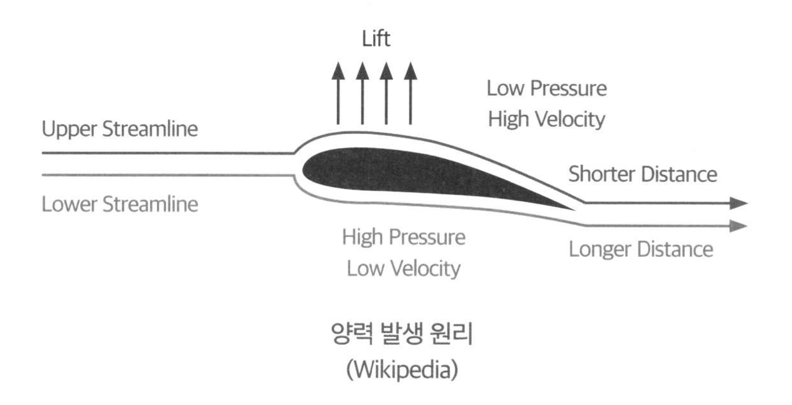


양력 발생 원리
(Wikipedia)

그래서 드론의 프로펠러도 비행기 날개와 비슷하게 생겼다. 큰 기체일수록 프로펠러 모양이 비행기 날개처럼 위쪽이 불룩하게 생겼다. 날개 위와 아래의 공기 속도를 다르게 만들어서 양력을 발생하는 구조다.

미니 드론과 같이 크기가 작은 드론의 프로펠러는 비행기 날개와 다르게 납작하다. 양력을 제대로 받지 못한다. 그러면 미니 드론은 어떻게 뜰까? 바로 드론을 띄우는 또 하나의 힘인 반작용력을 이용한다.

미니 드론의 프로펠러가 납작한 모양이지만, 모터에 부착할 때 경사지게 붙인다. 다음 그림과 같이 반작용력을 얻기 위해서 그렇게 한다.

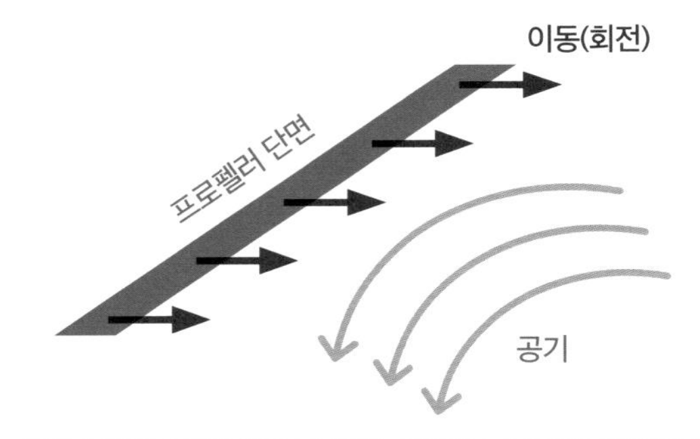


작용과 반작용의 법칙

프로펠러가 회전하면서 공기를 아래로 밀어낸다. 프로펠러가 공기를 밀어내면 공기도 프로펠러를 밀게 된다. '작용과 반작용의 법칙' 때문이다. 프로펠러 아래쪽으로 바람이 불도록 경사지게 해 놓으면 드론이 아래쪽으로 공기를 밀어내면서 공기가 드론을 위쪽으로 밀어 올린다. 이렇게 해서 드론이 공중에 뜰 수 있게 된다.

### 드론의 이동 원리

드론의 이륙과 착륙은 다음 그림과 같이 프로펠러의 회전속도 조절을 통해 가능하다.

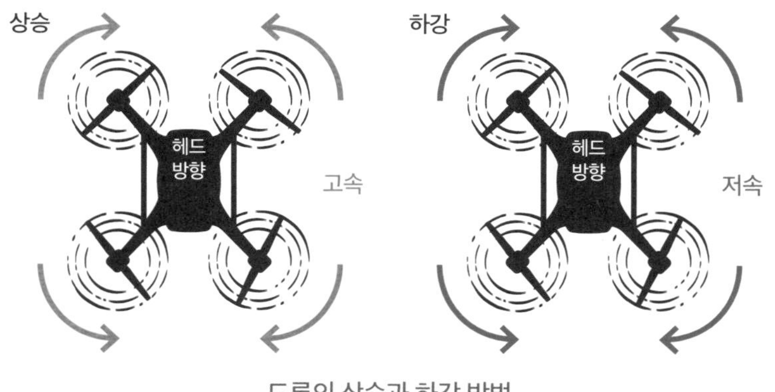


드론의 상승과 하강 방법

- 드론의 이륙: 4개의 모터가 같은 속도로 빠르게 회전하여, 모터에 연결된 4개의 날개가 중력보다 강한 양력을 발생시키면 드론이 위로 뜬다.
- 드론의 착륙: 4개의 모터의 회전속도를 줄여 양력이 줄어들면서 중력이 양력보다 커지면 드론이 아래로 내려와 착륙한다.

드론의 전진과 후진은 다음 그림과 같이 프로펠러의 회전속도와 방향 조절을 통해 가능하다.

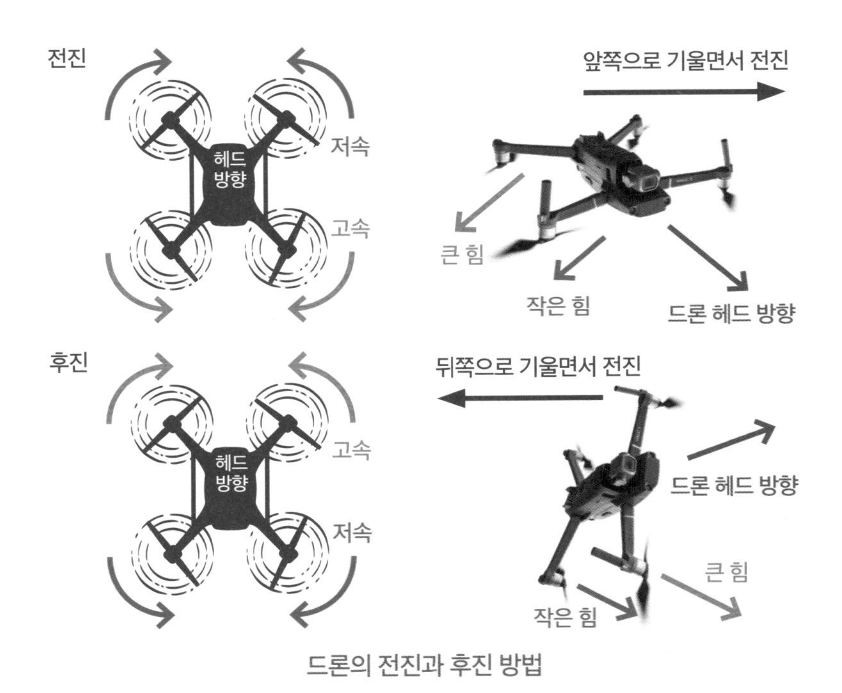


드론의 전진과 후진 방법

- 드론의 전진: 앞에 있는 2개의 프로펠러가 조금 천천히 회전하고 뒤에 있는 2개의 프로펠러가 조금 빠르게 회전하면 드론이 앞으로 살짝 기울게 된다. 그러면 드론이 앞쪽으로 기울면서 앞으로 이동한다.

- 드론의 후진: 드론을 앞으로 이동시킬 때와 반대로, 뒤에 있는 2개의 프로펠러 속도를 줄이면 드론이 뒤쪽으로 기울게 된다. 그러면 드론이 뒤쪽으로 기울면서 뒤로 이동한다.

드론의 왼쪽과 오른쪽으로의 이동도 다음 그림과 같이 프로펠러의 회전속도와 방향 조절을 통해 가능하다.

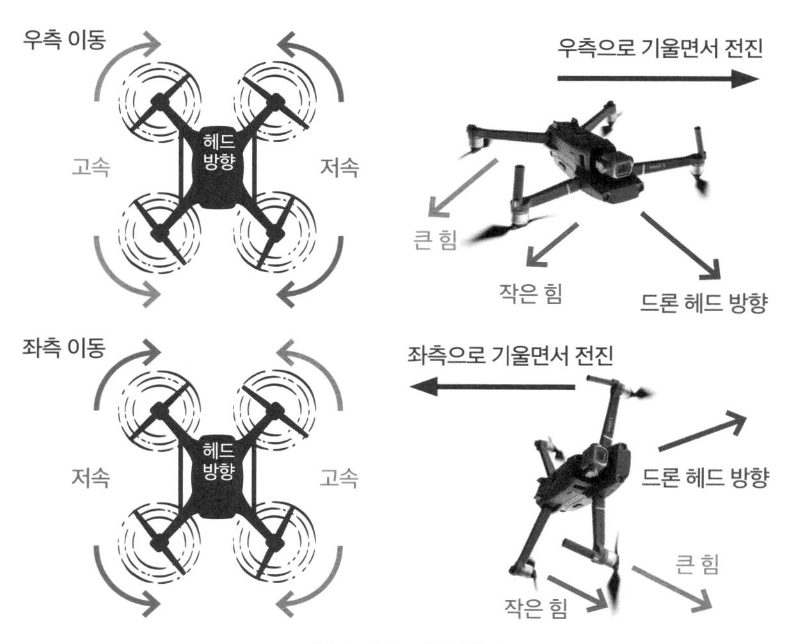

드론의 좌우 이동 방법

- 드론의 오른쪽으로 이동: 좌측 2개의 프로펠러는 고속으로 회전시키고 오른쪽 2개의 프로펠러를 저속으로 회전시키면 드론이 우측으로 기울어진다. 이 상태에서 드론은 좌측으로 이동한다.
- 드론의 왼쪽으로 이동: 오른쪽 이동과 반대로, 좌측 2개의 프로펠러는 저속으로 회전시키고 오른쪽 2개의 프로펠러를 고속으로 회전시키면 드론이 좌측으로 기울어진다. 이 상태에서 드론은 좌측으로 이동한다.

드론의 회전도 프로펠러의 속도를 조절하면 가능하다.

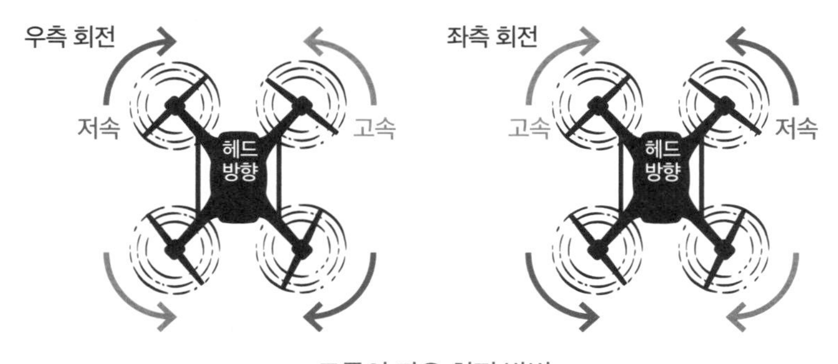

드론의 좌우 회전 방법

- 오른쪽으로 회전: 반시계 방향으로 도는 프로펠러가 더 빠르게 돌고, 시계 방향으로 도는 프로펠러가 좀 천천히 돌면 작용과 반작용의 법칙으로 인해 프로펠러가 왼쪽으로 더 강하게 돌게 된다. 이렇

게 되면 드론은 오른쪽으로 회전한다.

- 왼쪽으로 회전: 오른쪽으로 회전과 반대이다. 시계 방향으로 도는 프로펠러가 더 빠르게 돌고, 반시계 방향으로 도는 프로펠러가 천천히 돌면 드론은 좌측으로 회전한다.

지금까지 항공기와 드론의 비행에 대해 간략하게 살펴보았다. 이 글이 드론을 처음 접하는 사람들이 드론의 비행 원리를 이해하는 데 도움이 되길 소망해 본다.

## 드론의 활용과 관련하여 제기되는 주요 쟁점

드론의 공중 공간에서의 비행과 관련되는 사안은 날씨, 공역, 주파수 등이 있다. 이러한 요소들이 드론의 비행에 영향을 준다.

**첫째, 날씨에 대해 알아보자.** 공중에 떠다니는 비행체는 근본적으로 바람, 비, 눈과 같은 기상의 영향을 많이 받는다. 드론도 비행체이기 때문에 날씨의 영향을 많이 받는다. 규모가 작은 소형 드론은 기체가 가벼워서 바람의 영향을 많이 받는다.

드론은 원격으로 조종되기 때문에 비, 바람, 눈, 안개와 같은 기상 요소들이 원격 조종을 위한 정보의 유통에 영향을 준다. 드론은 공중 공간을 이용하여 무선으로 정보를 주고받으면서 비행을 포함한 기능을 발휘하기 때문이다.

**둘째, 공역(空域, airspace)에 대해 말하자면,** 공중 공간 활용에도 정해진 규칙이 있다. 정해진 길도 있고, 접근하지 못하도록 설정한 지역도 있다. 공역이란 지구표면에서 무한한 높이까지의 공중 영역이다.

일정한 규모를 갖는 비행체가 일정 높이 이상의 공중 공간에서 비행하면 공중 공간 활용의 통제를 받는다. 이를 군사적으로는 공역통제라고 한다. 아무런 통제도 받지 않고 비행체들이 공중 공간을 날아다니면 서로 충돌하여 큰 문제를 가져올 수 있기 때문이다.

공중 공간은 유한하다. 정해진 공간에서 비행하는 비행체가 많아지면 통제가 어려워질 수 있다. 그래서 공역통제라는 방법을 통해서 비행체의 비행을 통제한다.

우리나라의 경우 항공로 25개소, 비행금지구역 5개소, 비행 제한구역 60개소, 초경량비행장치 비행 제한구역 1개소, 훈련구역 5개소, 군작전구역 53개소를 지정하여 비행체의 공중 공간 사용을 통제하고 있다.

드론은 크기가 작을지라도 그 수량이 많아지면 공중 공간에서 다른 비행체의 비행에 큰 걸림돌이 될 수 있다.

**셋째, 주파수(周波數, Frequency)는 드론에서 매우 중요하다.** 통신을 통해서 드론을 무선으로 조종해야 하기 때문이다. 통신을 위해서는 주파수가 필요하다. 주파수가 일치해야 정보의 유통이 가능하다. 비행체와 지상의 통제소의 주파수가 맞지 않으면 드론의 기능이 발휘되지 못한다.

전파는 공중 공간을 이동한다. 그래서 선을 따라서 이동하는 폐쇄회로와 다르게 전용선이 없다. 통제가 없으면 서로 방해나 혼선이 일어날 수 있다. 공공기관에서 주파수를 관리하는 이유이다.

주파수는 한정되어 있는데 갈수록 주파수 수요가 계속 증가하고 있다. 그래서 드론 전용 주파수 할당이 쉽지 않다. 더구나 그 숫자가 기하급수적으로 늘어날 때 더 그러할 것이다. 참고로, 통상 소형 드론의 경우 2.4㎓ 주파수를 주로 사용하며, 드론에서 영상을 송수신하는 주파수는 5.8㎓를 주로 사용한다. 그래서 주파수는 드론의 비행과 관련해서 고려되어야 하는 요소 중 하나이다.

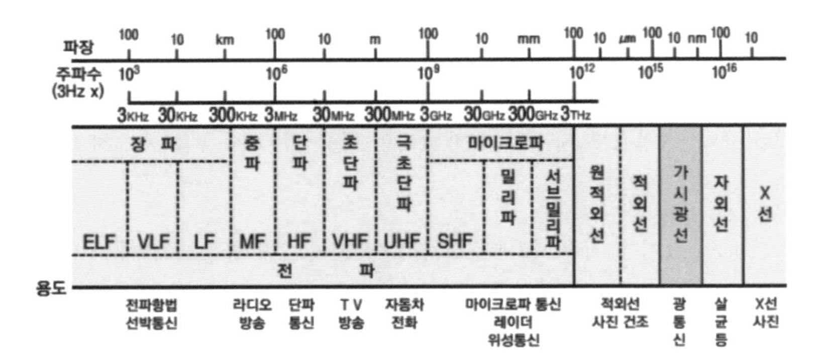


주파수의 종류
(중앙전파관리소)

공중 비행체인 드론의 기능 발휘는 비행시간과 관련이 크다. 드론의 비행시간에 영향을 주는 요소는 무게, 배터리 용량 등이다.

**첫째, 무게에 대해 알아보자.** 공중 공간에서 비행하는 물체는 무게의 영향을 많이 받는다. 비행체가 무거울수록 중력을 극복하여 공중 공간으로 올라가는 데 필요한 힘인 양력이 더 필요하기 때문이다.

드론도 공중 공간에서 비행하는 물체이기 때문에 무게의 영향을 많이 받는다. 드론이 특정 기능을 수행하려면 비행에 필요한 장비 이외에 추가 장비를 부착해야 한다. 장비의 추가는 무게의 증가를 의미한다. 무게의 증가는 그만큼 소모되는 동력의 증가를 수반한다. 그래서 드론의 무게는 비행시간에 영향을 주는 중요한 요소의 하나이다.

**둘째는 배터리다.** 드론은 두 가지의 형태로 동력을 얻어서 비행한다. 드론에 엔진을 장착하여 엔진에 의해 동력을 얻는 방법이 있다. 드론에 있는 연료가 소모될 때까지 비행할 수 있다. 드론이 동력을 얻는 또 한 가지 방법은 배터리를 사용하는 것이다. 배터리를 사용하면 배터리의 용량이 드론의 비행시간을 결정한다. 그래서 배터리를 사용하는 드론의 경우 배터리가 비행할 수 있는 시간에 절대적인 영향을 준다.

추가로 드론을 군사용으로 사용할 때 고려되는 요소는 대표적으로 **전파방해(재밍, jamming)와 보안** 문제가 있다. 이와 관련하여 재밍과 안티재밍에 대해 살펴보자. 드론은 무선통신으로 정보가 유통된다. 드론의 기능 발휘를 위한 원격 조종도 마찬가지다. 무선통신은 상대방에게 주파수가 노출되면 통신이 차단되는 재밍이 가능해진다. 재밍이 되면 드론의 원격 조종이 차단될 수 있다. 원격 조종이 차단되면 드론이 추락하거나 통제할 수 없게 된다. 악의적인 의도를 가진 상대가 재밍을 통해 드론을 다른 방향으로 유도하거나 조종할 수도 있다. 실제로 이란 주변을 공중정찰 하던 미국의 무인정찰기가 이란군에 의해 재밍

되어 이란의 공항에 강제 착륙한 예도 있었다. 그래서 군사용으로 드론을 활용할 때 다양한 안티재밍(anti-jamming) 대책을 마련해야 한다.

이란이 재밍한 미군 무인정찰기 RQ-170 Sentinel
(https://en.wikipedia.org/wiki/Lockheed_Martin_RQ-170_Sentinel)

드론을 군사적으로 사용할 때 보안이 중요한 이유는 무선통신으로 정보가 유통되기 때문이다. 드론으로 획득한 정보의 유통에 대한 보안 대책이 강구되지 않으면 쉽게 정보가 노출되거나 탈취될 수 있다. 그래서 군사용으로 사용되는 드론은 다양한 하드웨어(hard ware)와 소프트웨어(soft ware)를 적용하여 보안 수준을 높인다.

마지막으로 드론의 기술적인 차원과 더불어 **국내 드론산업 생태계 구축**과 관련된 요소도 이슈이다. 국내에 유통되는 상용 드론은 중국이 주요 공급망이다. 그래서 드론의 낮은 국산화율에 대한 문제가 제기되고 있다. 이처럼 국내 드론 생태계의 구축이 미흡한 원인은 여러 가지이다. 드론 시장의 소요가 형성되지 않아서 기업이 투자를 주저하는 것이 제일 큰 원인이다.

정부가 2023년 6월 30일에 발표한 '제2차 드론산업발전 기본계획(2023~2032)'에 따르면 우리나라의 드론산업 규모는 2022년 기준으로 8,406억 원이다. 2021년 기준으로 세계 드론산업의 규모가 약 32조 원임을 고려할 때 우리나라의 드론산업의 규모는 세계 시장의 3% 수준이다. 세계 10위인 대한민국의 경제 규모와 비교해 보면 국내 드론산업이 얼마나 뒤처져 있는지를 금방 알 수 있다.

국내 드론 제작시장의 규모는 2021년 기준으로 3,520억 원 규모이다. 국내 드론 기업의 연평균 매출액은 약 1.7억 원이다. 2021년 기준으로 우리나라 중소기업 연평균 매출액이 3.7억 원이다. 얼마나 국내 드론 기업이 영세한지 알 수 있다.

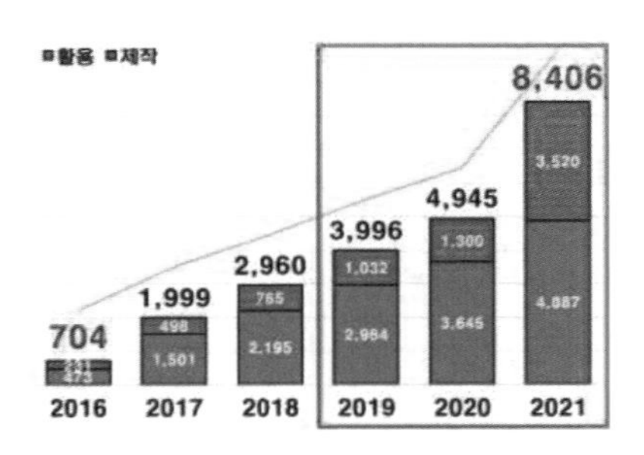


국내 드론산업 규모
(제2차 드론산업발전 기본계획(2023~2032))

정부는 국내 드론 관련 기업의 대부분이 기술 투자가 어려운 영세업체여서 가격과 기술경쟁력에서 앞선 중국의 드론 기업에 시장 점유율이 뒤처지는 상황이라고 평가하고 있다. 무게가 2kg 이상으로 등록된 드론의 64.7%가 외국산 기체이다.

우리나라가 자체적으로 드론산업 생태계를 구축하려면 공공 부문에서 대규모로 드론의 수요를 창출해 주어야 한다. 수요 창출을 포함하여 국가전략 차원의 계획과 조치가 신속하게 이뤄져야 국내 드론 생태계의 구축이 가능해진다.

# 드론과 배터리 이야기

드론이 작동되려면 동력이 필요하다. 드론은 배터리나 엔진을 동력으로 사용한다. 드론의 작동에 사용되는 동력원인 배터리와 엔진은 나름의 장점과 제한사항이 있다.

배터리는 소음이 적고 열이 많이 발생하지 않으며 진동도 적다. 그러나 일반적으로 배터리의 용량 한계로 비행시간이 짧고, 재충전에 많은

배터리 탑재 정찰 드론
((주)케이프로시스템 홈페이지)

시간이 필요하다.

엔진은 상대적으로 운행 시간을 늘릴 수 있고 드론의 이륙중량도 키울 수 있다. 그러나 엔진은 부피가 크고 배터리를 사용하는 모터보다 3배 이상의 소음이 발생한다. 고온과 진동도 해결해야 할 숙제이다. 비행시간을 늘리려면 연료의 무게가 증가하여 더 많은 동력이 필요하다. 여기서는 드론의 동력원 중에서 배터리에 관련된 이야기를 하려고 한다.

엔진 탑재 드론
(www.maine.gov)

드론은 1차 전지와 2차 전지 중에서 2차 전지를 주로 사용한다. 1차 전지와 2차 전지의 구분은 충전 여부이다. 한 번 쓰고 버리는 배터리를 1차 전지라고 한다. 반면에 충전하여 재사용이 가능한 배터리를 2차 전지라고 한다.

1차

2차

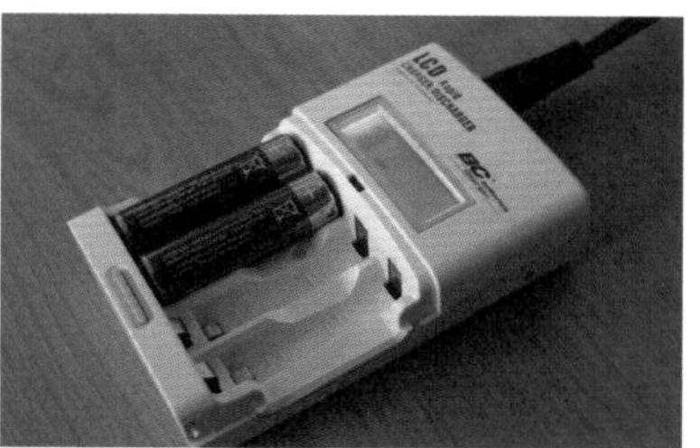


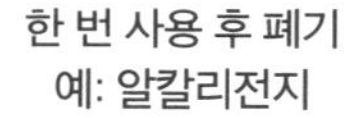
한 번 사용 후 폐기
예: 알칼리전지

충전해서 연속 사용 가능
예: 압축전지, 리튬이온전지

1차 전지와 2차 전지의 차이
(Wikipedia)

한 번 쓰고 버리는 건전지에 사용하는 1차 전지에는 망간전지나 알칼리전지 등이 있다. 충전하여 다시 쓸 수 있는 2차 전지는 니켈-카드뮴(Ni-Cd)전지, 니켈수소(Ni-MH)전지, 납축전지, 리튬이온전지, 리튬폴리머전지 등이 있다.

2차 전지는 어떤 재료를 사용하는지에 따라 납축전지, 니켈-카드뮴전지, 리튬이온전지, NaS전지 등으로 구분된다. 재료가 배터리의 용량과 특징을 결정하기 때문이다. 그래서 어떤 것이 좋고 나쁘다고 할 수 없다. 용도에 따른 적합한 재료 선택의 문제이다.

예를 들어, NaS전지는 에너지밀도가 높아 대용량 전력 저장용으로 적합하다. 나트륨과 황을 원료로 사용하여 리튬전지와 비교해서 가격이 저렴하다. 대신에 무거워서 소형 가전제품에는 사용이 제한된다.

그래서 주로 산업용으로 사용한다.

납축전지는 리튬전지와 비교해서 과충전이나 과열에 의한 폭발이나 화재의 위험성이 적다. 제작에 드는 비용도 저렴하다. 그러나 황산, 납 등의 원료를 사용하여 환경 위험성이 크고 수명이 짧다는 제한사항이 있다.

드론에 사용되는 2차 전지는 리튬이온(Li-Ion)과 리튬폴리머(Li-Po) 계열의 배터리이다. 세계 드론 시장에서 점유율이 가장 높은 DJI 드론은 주로 리튬이온(Li-Ion)을 배터리로 사용한다. 최근에는 리튬폴리머 전지가 많이 쓰인다. 드론에 쓰이는 리튬폴리머전지는 리튬이온전지 다음 세대로 나온 배터리이다.

리튬이온전지는 전해액으로 인한 폭발위험이 있기 때문에 이를 보완하기 위해 개발되었다. 리튬폴리머전지는 전해질을 젤 타입으로 만들어서 폭발의 위험을 줄였다. 얇고 다양한 모양으로 제작할 수 있어 휴대전화용으로도 흔히 쓰이는 배터리다. 리튬이온전지와 비교하면 용량이 적고 수명이 짧다. 리튬이온전지보다 덜 위험할 뿐이지, 리튬폴리머전지도 여전히 폭발위험은 있다.

드론에 사용하는 배터리에는 전압, 용량, 방전율의 세 가지 요소를 표시한다.

전압은 배터리에 V(볼트) 단위로 표기되는 수치이다. 리튬폴리머전지의 경우 전압 수는 1셀당 3.7V짜리를 기본으로 한다. 더 높은 전압을 요구하는 기체들은 배터리를 직렬로 연결하여 요구되는 전압을 공급

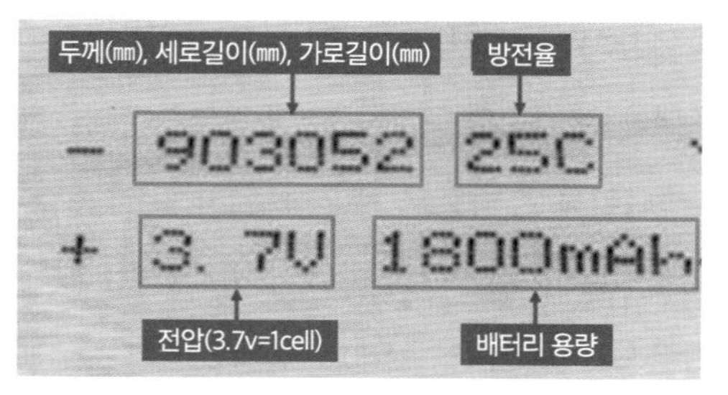

배터리 표기 요소
(Wikipedia)

한다. 배터리 전압은 그래서 3.7V, 7.4V, 11.1V, 14.8V, 18.5V 등으로 표기된다.

배터리 셀의 연결방식은 두 가지다. S(serial, 직렬)와 P(parallel, 병렬)로 표기를 한다. 전압은 직렬로 연결하면 높아진다. 그래서 1s, 2s, 3s, 4s 등으로 전압 표기를 하는 예도 있다. 1s면 3.7V이고 2s면 7.4V가 된다.

용량은 mAh(밀리암페어아워) 단위로 표기되는 수치이다. 배터리가 방전될 때까지 얼마나 오랜 시간 전류를 출력할 수 있는지를 나타내는 수치이다. 용량이 증가하면 비행시간이 증가한다. 하지만 용량이 증가하면 그만큼 배터리의 크기가 커지고 무게가 증가한다.

방전율은 배터리에 C 단위로 표기되는 수치이다. 방전율 C값은 배터리가 얼마나 고성능인지를 나타내는 수치이다. 방전율과 용량을 곱한 값이 그 배터리가 공급할 수 있는 최대 출력이다. 예를 들어 14.8V(전압), 1,600mAh(용량), 95C(방전율)의 배터리는 최대 1,600×95=152,000

㎃(152A)의 출력을 낼 수 있다.

드론에 사용되는 배터리와 관련하여 제기되는 핵심 이슈는 비행 가능 시간이다. 배터리를 동력으로 사용하면 지속시간이 상대적으로 짧다. 그런데 드론 배터리 용량은 부피와 정비례한다. 배터리 용량을 늘리면 비행시간은 늘어나지만, 무게와 크기는 커진다. 반대로 용량을 줄이면 비행시간은 짧아지고 무게와 크기는 가벼워진다. 충전에 걸리는 시간도 이슈이다.

배터리를 사용하는 드론의 비행시간을 늘리기 위한 노력이 계속되고 있다. 드론의 비행시간을 늘리는 방안은 두 가지로 진행되고 있다. 배터리 자체의 성능 향상을 위한 노력과 배터리의 새로운 운용 방법을 개발하기 위한 노력이다.

드론의 비행시간을 늘리기 위해 배터리의 성능 자체를 높이기 위한 대표적인 접근을 알아보자.

우선, 하이브리드 드론(Hybrid Electric Drone)은 배터리를 기본으로 하면서 엔진을 추가로 사용하는 드론이다. 하이브리드 자동차와 같은 맥락이다. 엔진을 사용함에 따라 충돌이나 사고로 인한 폭발위험이 크다. 엔진의 소음 문제도 제기된다.

Arcsky X-55 하이브리드 드론
(arcskytech.com 홈페이지)

태양광 충전 드론(Solar-powered Drone)은 태양전지(Solar Cell)를 드론의 기체에 설치하여 드론에 전력을 공급하는 방법을 사용한다. 넓은 면적을 가진 고정익 드론에 적용할 수 있다. 이 드론은 기후조건의 영향을 많이 받는다.

태양광 드론
(https://en.wikipedia.org/wiki/Solar_vehicle#Unmanned_aerial_vehicles)

수소연료전지 드론(hydrogen fuel cell Drone)은 수소연료전지를 사용하는 드론이다. 일반 배터리를 활용한 드론 비행은 30분 내외였다. 하지만 일반 배터리보다 에너지밀도가 3~4배 높은 수소연료전지 드론은 기존 배터리 대비 2시간 이상 비행이 가능해진다. 연료통 교체와 짧은 충전 시간으로 인해 충전소요 시간까지 줄일 수 있다.

국내기업인 (주)아소아에서는 2kW급 수소연료전지 파워팩을 갖춘 드론을 선보였다. 두산 모빌리티이노베이션에서도 드론용 수소연료팩을 개발하고 있다. 아직 상용화는 안 되는 상황이다. 소형화를 해야 하고, 높은 제작단가의 현실화가 필요하다. 수소자동차처럼 수소연료전지 드론도 충전의 접근성 등이 해결되어야 실용화할 수 있다.

수소연료전지 드론(Phantom Eye)
(https://en.wikipedia.org/wiki/Boeing_Phantom_Eye)

수소연료 드론의 풍력발전기 점검
(www.doosanmobility.com 홈페이지)

새로운 운용 방법을 적용하여 드론의 비행시간을 늘리는 접근도 계속 시도되고 있다. 그 예인 드론 전용 도킹 스테이션 운용(Drone docking station)은 배터리를 재충전하는 주유소 개념이다. 드론에 사용하는 배터리를 신속하게 교체하거나 충전할 수 있는 전용 설비시설을 갖춘 장소를 말한다.

일반 가로등에 드론 연결장치를 설치하면 출발지와 목적지의 중간 기착지 사이에서 충전하여 비행 범위를 넓힐 수 있다. 도킹 스테이션은 가로등, 무선 기지국, 교회 첨탑, 사무 빌딩, 주차 전용 건물, 방송용 송신탑, 전봇대 등 수직 형태의 시설물을 활용하여 설치할 수 있다.

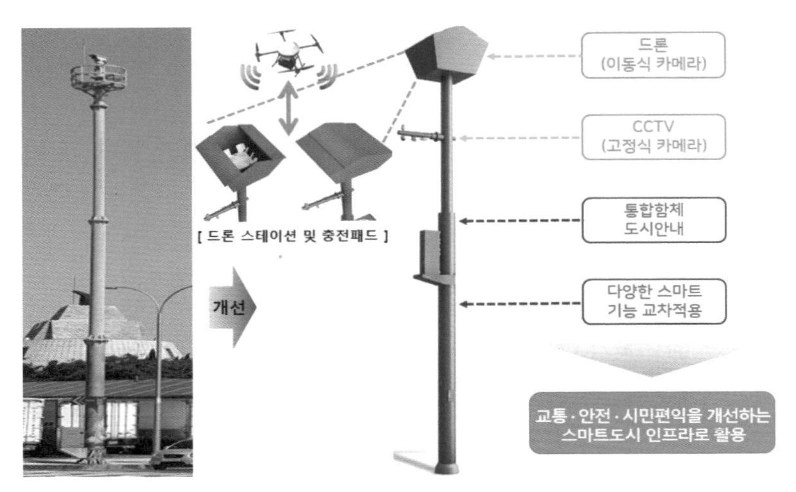


드론 충전이 가능한 서울시의 스마트폴 예시도
(https://world.seoul.go.kr/
smart-poles-enhanced-with-ev-drone-charging-capabilities/)

다음으로 시도되는 것은 공중에서 드론으로 드론 배터리를 충전하는 방법이다. 전투기의 공중급유 시스템과 유사한 접근이다. 미국 버클리대학교 로봇공학 연구소에서 공중에서 드론으로 드론을 충전하는 기술을 개발하여 시연했다. 다음 그림과 같이 무게 820g의 드론을 무게 320g의 드론이 공중에서 충전하는 시험을 성공적으로 하였다. 물론 아직 상용화는 되어 있지 않다.

공중 드론 충전 모습
(버클리대학교 유튜브)

그다음으로 유선 충전 드론(Tethered Drone)은 드론과 지상에 있는 전원공급장치와 연결된 동력 케이블을 통해 전력을 전달받는 드론이다. 대부분의 유선 드론이 여기에 해당한다. 드론에는 비상용 소형 배터리 장착되어 만약 연결케이블이 절단되어도 지상에 안전하게 착륙할 수 있다.

유선 충전 드론
(elistair.com 홈페이지)

무선 충전 드론(wireless charging drone)은 드론이 일정 거리에서 무선으로 전력을 전달받는 개념이다. 록히드마틴 사는 실내에서 레이저 무선 충전으로 48시간 비행하는 시험을 진행했다. 이 분야에 관한 연구도 계속되고 있다. 이 방식은 충전시설과 드론의 거리가 관건이다.

레이저를 이용한 무선 충전 개념도
(Northwestern Polytechnical University)

5분 만에 드론을 충전하는 시스템
(www.store-dot.com)

한편 고속충전 배터리(Fast Charging Drone)는 현재보다 6배 빠른 속도로 충전하는 기술이다. 이 기술도 연구가 진행되고 있는 분야이다. 이스라엘 신생 기업인 스토어닷(StoreDot)은 2020년에 단 5분 만에 상업용 드론을 충전하는 솔루션을 발표했다. 그런데 충전 속도를 6배 빠르게 하면 배터리 수명이 이와 비례하여 6배 정도 짧아지는 한계를 갖고 있다.

드론에 사용되는 배터리를 생산하는 국내 기업은 많지 않다. 그래서 대부분의 드론용 배터리가 중국에서 들어온다. 배터리 분야에서도 투자 대비 이익을 낼 수 있는 국내 드론산업 생태계가 구축되지 않아서 그렇다.

그렇지만 국내 기업의 드론용 배터리 개발 노력은 계속되고 있다. 차세대 2차 전지 개발업체 유로셀은 2021년에 동일 크기에 에너지밀도가 150% 이상 증가한 고효율 배터리 개발에 성공했다.

기존 대비 용량 150% 증가한 배터리를 장착하는 모습
(유로셀)

두산모빌리티이노베이션(DMI)도 수소 드론에 탑재하는 수소연료전지 파워팩 'DP30M2S' 제품을 개발했다. 이 제품은 국내 최초로 한국가스안전공사의 KGS인증(KGS AH373)을 획득했다. DMI에 따르면 DP30M2S는 2시간 이상 비행할 수 있고, 배터리와 하이브리드 시스템으로 구성돼 안전성도 갖췄다는 평가

수소연료전지 파워팩 DP30M2S 장착 드론
(www.doosanmobility.com)

를 받았다고 한다.

전기차 시장의 성장과 드론의 수요 증가로 초고속 충전 요구 충족을 위한 다양한 시도가 전 세계에서 진행 중이다. 배터리의 부피를 줄이고 충전 시간을 단축하는 기술이 개발되고 있다. 배터리에 사용되는 소재의 다변화로 초고속 충전이 가능한 기술이 속속 발표되고 있다.

러시아의 상트페테르부르크주립대(St Petersburg State University) 연구팀은 리튬이온전지보다 10배 빠르게 충전하는 새 기술을 개발했다.

드론의 제한사항으로 제기되는 배터리 문제는 충분히 해결할 수 있다. 그래서 드론의 확장성은 무한하다.

전기차의 열풍과 함께 2차 전지 관련 기술의 획기적인 발전이 예상된다. 국제에너지기구(IEA)에 따르면 글로벌 전기차 누적 판매량은 2020년 1,100만 대에서 연평균 약 30% 증가해 2030년에는 1억 4,500만 대에 달할 전망이다. 시장조사업체인 ReportLinker는 글로벌 전기차

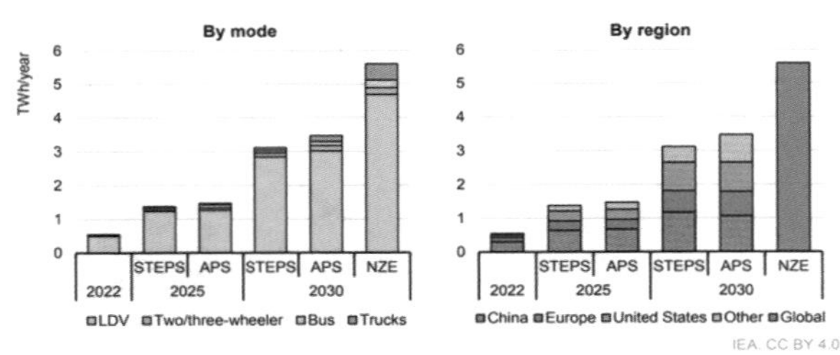


전기차 배터리 수요(2022~2030)
(https://iea.blob.core.windows.net/assets/dacf14d2-eabc-498a-8263-9f97fd5dc327/GEVO2023.pdf)

배터리 시장은 2025년에 약 90조 원(672억 달러) 규모로 성장할 것으로 예상했다.

지구촌에서는 지금 2차 전지에 관심이 집중되어 있다. 최근 국내 증시에서도 2차 전지 관련주의 가격이 폭등했다. 정부와 기업은 2차 전지 관련한 대규모 투자계획을 발표했다.

우리나라는 소형 2차 전지 시장에서 10년째 1위를 차지하고 있다. 중대형 전지 시장에서도 점점 존재감을 나타내고 있다. 예를 들어 우리나라 2차 전지 3사 중 하나인 LG에너지솔루션은 보유 특허 수 2만 4,000여 건으로 세계 1위, 전기차 배터리 시장 점유율 세계 1위, 생산능력 세계 1위이다.

정부는 차세대 신성장동력의 하나로 2021년에 K-배터리 발전전략을 발표했다. 2030년까지 민간에서 40조 원을 투자하며, 정부는 연구개발, 세제, 금융 지원 등의 역할을 주도한다. LG에너지솔루션과 SK이노

'K-배터리 발전전략' 발표회

베이션이 총 15조 원을 미국에 투자하기로 한 상태이다.

2차 전지에 관련 기술의 발전은 드론용 배터리에 접목될 수 있다. 첨단 배터리 기술이 드론에 접목되면 드론의 비행시간을 포함하여 획기적인 성능 향상이 가능하다. 그래서 드론의 확장성은 무한하다.

3장

# 우크라이나 전쟁과 드론

# 우크라이나 전쟁과 공격용 드론

우크라이나 전쟁에서 공격용 드론이 진가를 발휘하고 있다. 여기서는 우크라이나 전쟁에서 활약하고 있는 자폭 드론을 포함한 공격용 드론에 대해서 알아보고자 한다.

우크라이나 전쟁에서 우크라이나와 러시아 모두 공격용 드론을 전장에 투입하고 있다. 우크라이나 전쟁이 드론을 이용한 공격 기능 발휘의 유용성, 공격용 드론의 성능 입증, 공격용 드론의 성능 검증의 장이 되고 있다.

앞에서 잠깐 살펴본 대로, 군에서는 모든 전장 기능을 6가지로 구분한다.

전장의 6대 기능은 ① 찾기(군사용어는 정보, intelligence) ② 때리기(군사용어는 화력, fires) ③ 움직이기(군사용어는 기동, movement and maneuver) ④ 보호하기(군사용어는 방호, protection) ⑤ 지시하고 공유하기(군사용어는 지휘·통제·통신, command·control·communica tion) ⑥ 군사작전 지원하기(군사용어는 전투근무지원, sustainment)로 구분된다.

드론은 전장의 6대 기능 모두에 활용할 수 있다.

전장의 6대 기능
(미국 육군 교범, ADP 3-0 Operations)

공격용 드론은 이러한 전장의 6대 기능 중에서 '때리기(화력)'의 기능을 수행하는 드론이다.

## 우크라이나군의 공격용 드론

우크라이나군은 이번 전쟁에서 자폭 드론을 포함하여 다양한 공격용 드론을 매우 효과적으로 사용하고 있다.

### 화염병 투하 드론

다음 사진은 우크라이나군이 소형 드론에 맥주병으로 만든 화염병을 투하하는 모습이다. 카메라를 장착하여 표적의 상공에서 위치를 확인한 후 투하가 가능하다.

화염병 투하 드론
(www.rferl.org)

### 수류탄 투척 드론

우크라이나는 취미용 드론인 DJI Mavic 3을 소형 수류탄을 목표물 상공에서 투척하는 데 사용하고 있다. Mavic 3은 중국산 취미용 드론이다. 가격이 1,700파운드, 우리 돈으로 약 260만 원이다.

많은 국민이 자신들이 갖고 있던 취미용 드론을 우크라이나군에 기부하였다. 우크라이나군은 수천 대의 취미용 드론을 받아서 적을 공격하는 데 사용하고 있다.

우크라이나군의 Mavic 3
(https://en.wikipedia.org/wiki/
List_of_Russo-Ukrainian_War_military_equipment)

### 하늘을 날아다니는 박격포

우크라이나군은 소형 드론을 이용하여 표적의 상공에서 박격포탄을 투하하는 드론도 운용하고 있다. 이 드론의 이름은 DronesVison Revolver 860이다. 우크라이나군은 약 800대의 리볼버 드론을 운영하고 있다고 알려졌다.

'하늘에서 운용하는 박격포'인 셈이다. 대만에서 만들었고, 무게가 42kg, 지름이 1.35m에 불과한 소형 드론이다. 박격포탄을 8개까지 장착하고 최대 20㎞를 비행할 수 있다. 포탄의 지름이 더 큰 81㎜, 120㎜ 박격포탄 운반용으로 개조도 가능하다.

다음 사진과 같이 원통형 함에 박격포탄이 들어 있다. 리볼버 권총처럼, 원통에 들어 있는 포탄이 돌아가면서 투하된다.

박격포 드론 Revolver 860
(https://www.technology.org/2022/08/25/armed-forces-of-ukraine-operate-interesting-taiwanese-mortar-drones/)

바이락타르 TB2

우크라이나군이 비교적 장거리에 있는 표적을 공격할 때는 튀르키예에서 제작한 바이락타르 TB2 드론을 사용한다. 2022년 4월에 흑해에 있던 러시아 전함 Moskva함을 격침하는 데 사용되었다.

TB2 드론은 동급 드론 중에서 가성비가 최고다. 대전차 미사일, 레이저유도 폭탄, 70㎜ 로켓, 레이저유도 로켓을 장착하여 표적을 공격할 수 있다. 이 드론은 날개의 길이가 12m이고 작전반경이 300㎞이다. 시속 220㎞로 비행하는데 미국을 포함한 선진국에서 생산하는 드론보다는 성능이 낮다. 하지만 가장 큰 장점이 있다. 바로 가격이다. 제작 원가는 20억 원 내외이며, 판매가는 60억 원 내외이다.

참고로, 2020년 아제르바이잔과 아르메니아 전쟁에서 TB2가 진가를 발휘했다. 아제르바이잔의 드론 운용은 4장에 자세히 설명되어 있다.

바이락타르 TB2 드론과 지상통제소
(『국방일보』(2023.3.3.))

자폭 드론 스위치블레이드

우크라이나군은 2022년 가을부터 스위치블레이드(Switchblade)라는 자폭 드론도 사용하고 있다. 스위치블레이드는 미국에서 생산된다. 무게는 15kg이며 길이는 130×49.5㎜이다. 비행거리는 40㎞이며 비행시간은 40분이다. 미국 정부는 우크라이나군에 스위치블레이드 700기를 지원한다고 발표했다.

스위치블레이드는 한 번 사용하면 다시 회수하지 않는다. 원하는 표적에 접근하여 폭파된다. 가격은 30만 원에서 6천만 원까지 다양하다.

스위치블레이드 300
(https://en.wikipedia.org/wiki/AeroVironment_Switchblade)

### 장거리 타격용 자폭 드론

2022년 12월에 러시아 내륙 수백 ㎞ 안쪽의 Saraov 지역의 Engels-2 공군기지와 Ryazan Oblast 지역의 Dyagilevo 공군기지가 드론 공격을 받았다. 이 공격으로 러시아의 전략핵 폭격기인 Tu-95 2대가 피해를 받았다.

우크라이나 드론 공격 위치
(https://en.wikipedia.org/wiki/Europe)

이 비행장들은 우크라이나와 접한 러시아 국경에서 수백 ㎞ 안쪽에 있다. 우크라이나군은 사거리 1,000㎞가 넘는 미사일을 보유하고 있지 않다. 그래서 러시아군은 우크라이나군이 자체 개발한 공격용 드론을 사용했다고 주장하고 있다.

이러한 드론 공격은 초기에는 폭격기를 직접 조준하기보다는 연료 저장시설을 목표로 진행되었었다.

러시아 전략핵폭격기가 불타는 모습
(https://www.ukrainianworldcongress.org/ukraine-destroys-russian-strategic-bomber-for-first-time/)

## 러시아군의 공격용 드론

러시아군도 이번 전쟁에서 공격용 드론을 사용하고 있다.

Orlan-10 공격용 드론

러시아도 자체 제작한 소형 드론인 Orlan-10을 목표물 공격에 사용한다. 러시아군의 주력 무인기다. 여기에는 카메라와 소형 폭탄을 탑재할 수 있다. 지름 30㎜ 규모의 유탄 4발을 날개와 하단부에 매달아서 지상의 표적을 공격한다.

Orlan-10 지상통제소 내부 모습
(https://en.wikipedia.org/wiki/Orlan-10)

Orlan-10은 날개가 3.1m, 동체가 2m다. 작전반경은 120㎞이며, 1대당 가격은 1억 2천만 원에서 1억 7천만 원 수준이다. 2014년 돈바스 지역의 분쟁에서부터 운용되고 있다. Orlan-10은 표적 상공에서 폭탄 투하는 물론 공중정찰, 포병사격지원 등 다양한 목적으로 사용되고 있다.

상트페테르부르크의 특수기술센터가 개발한 Orlan-10
(Wikipedia)

러시아군의 Orlan-10 운용 모습
(www.informanapalm.org)

Shahed-136 자폭 드론

이란에서 생산되는 Shahed-136은 러시아군의 중장거리 자폭 드론이다. 2022년 9월부터 전쟁에 투입되었다. Shahed-136 자폭 드론은 탄두에 폭발물을 장착하고 공격 지시가 있을 때까지 목표물 위에 체공할 수 있다. 날개의 길이가 2.5m로 레이더에 의한 탐지가 어렵다.

최대 비행거리: 2,500㎞
최대 속도: 시속 185㎞
날개 길이: 2.5m
탑재무기 중량: 30~50㎏

방산 전시장의 Shahed 136
(https://en.wikipedia.org/wiki/HESA_Shahed_136)

대당 가격이 2만 달러 정도이니, 우리 돈으로 2,600만 원 정도이다. 이렇게 가성비가 좋아서 러시아군이 미사일보다 더 많이 사용하고 있다. 2023년 1월 1일과 2일에 걸쳐 시행된 러시아군의 대규모 타격에만 80대 이상을 투입한 것으로 알려져 있다.

다른 자폭 드론으로는 DJI Mavic 3가 있다. 러시아군도 우크라이나군처럼 중국에서 제작된 드론인 DJI Mavic 3을 수입하여 군사작전에 사용하고 있다. 주로 정찰과 포병 화력 유도에 사용하는 것으로 알려졌다. 그러나 충분히 전투의 현장에서 공격용으로 개조하여 사용하고 있을 것으로 추정이 된다.

## 우리나라의 공격용 드론

그러면, 우리나라 군도 공격용 드론을 운용하고 있을까? 규모는 크지 않지만, 답은 yes다! 그 예가 바로 소총 드론이다. 방위사업청은 2020년 12월 2일에 신속시범획득사업으로 소총 드론을 구매했다고 발표했다. 소형 드론에 소총을 장착하여 공중에서 원격으로 사격하는 장비이다. 소형 드론을 활용한 공격용 무기체계가 우리 군에 도입되고 있음을 보여 주는 내용이다.

최근 언론 보도를 보면, 국방과학연구소가 북한의 소형 무인기와 유사한 규모의 무인기 100대의 구매를 발주했다. 새로 구매하는 드론의 용도가 단순한 정찰용인지는 정확하지 않다. 그러나 드론에 공격용 기

소총 드론
(방위사업청)

능을 더하면 자폭 드론을 포함한 전장 6대 기능 중에서 '화력'의 기능 수행이 가능하다.

우리나라 군이 어느 수준으로 드론을 활용하여 전장의 6대 기능 중에서 '화력'의 기능을 수행할 준비를 하고 있는지는 관련 정보의 부족으로 정확하게 알 수가 없다. 그러나, 전체적인 추진 로드맵을 갖고 순차적으로 진행해 가고 있는 것으로 알고 있다.

우크라이나 전쟁에서 우크라이나군과 러시아군이 운용하고 있는 공격용 드론은 그 효용성을 잘 입증하고 있다. 우리나라 군의 더 신속하고 과감한 공격용 드론 도입을 위해 다음의 4가지를 제언해 본다.

**첫째, 박스에서 벗어나야 한다. 기존의 생각의 틀을 벗어나야 한다.**

취미용 드론도 유용한 공격 수단이 될 수 있음을 우크라이나 전쟁은 보여 주고 있다. 드론은 여전히 가성비 최고의 수단이다. 적은 예산으로 전략적 타격까지 가능하게 된다. 기존 재래식의 유인 수단 운용만을 생각하면 앞으로의 전쟁에서 승리할 수 없다. 북한은 이미 이런 틀을 벗어나고 있다. 2022년 12월에 북한 소형 드론이 서울 상공을 침범했다가 이상 없이 북으로 돌아갔다. 7년 전에 이미 드론을 이용해서 사드 기지를 정찰했다. 핵, 미사일, 사이버에 이어서 드론이 북한군의 또 다른 비대칭 수단으로 자리매김하고 있음을 상기해야 한다.

**둘째, 작은 것이라도 지금, 실제 적용해야 한다.** 소형 드론, 취미용 드론, 민간드론 등 투입할 수 있는 모든 수단을 군의 실제 임무에 바로 적용해 보아야 한다. 교육기관에도 신속하게 접목하고 부대훈련에도 활용해야 한다. 신속하게 상용 드론을 획득해서 전투실험도 다양하게 진행해 보아야 한다. 드론을 활용한 전장 6대 기능의 수행 방법을 완벽한 수준이 아니어도 작전계획에 반영해서 적용해 보아야 한다. 예비전력 수요에도 반영하고 인적자원개발 계획 소요에도 반영해야 한다. 일단 실제 기능에 반영하여, 4차 산업혁명의 기술이 우리 군의 일부가 되고 있음을 장병들이 체감해야 한다. 투입된 드론의 수준과 능력은 점차 갖추어 가면 된다.

**셋째, 제대별·기관별로 해야 할 역할을 해야 한다.** 드론을 전장 6대 기능 중 공격 기능에 활용하기 위해서는 군의 제대와 기관별로 필요한 역할을 해야 한다. 소부대, 전술제대, 전략제대, 군정기관(각 군 본부),

군령 기관(합참, 작전사), 중앙부처(국방부, 방사청, 병무청 등), 교육기관(양성, 보수)의 역할이 달라야 한다. 그렇게 다른 역할을 유기적으로 수행해 주어야 한다.

**넷째, 국내의 드론 생태계를 만들기 위해서 군이 대규모 공공수요를 창출해야 한다.** 기업은 수요 창출이 없으면 직접투자를 하지 않는다. 비용 대 효과를 고려하여 중국산 제품이나 기술을 사용할 수밖에 없다. 그렇게 되면, 기술과 무기체계가 중국에 종속된다. 생태계 구축의 선순환은 공공수요의 창출에서 시작된다. 드론의 공공수요 창출의 최적지는 군이다. 군이 그런 사명을 완수해야 한다. 이 과정에서 국민 모두의 관심과 지지가 필요하다. 새로운 제도를 만들어야 하고, 관련 예산을 편성해야 하기 때문이다.

## 우크라이나 전쟁과 취미용 드론

취미용·상용 드론도 우크라이나 전쟁에서 맹활약 중이다. 여기서는 취미용 드론과 상용 드론이 우크라이나 전쟁에서 어떻게 사용되고 있는지 알아보고자 한다.

우크라이나와 러시아는 2년째 전쟁하고 있다. 우크라이나군이 초기의 예상을 벗어나서 잘 싸우고 있다. 러시아군은 거인과 난쟁이의 싸움이라고 평가될 정도로 압도적으로 조기에 승리할 것이라는 기대를 벗어나서 고전하고 있다.

1장에서 살펴본 것처럼, 러시아의 국방예산은 우크라이나의 13배나 된다. 러시아의 물리적인 군사력 규모는 우크라이나보다 5배 이상 차이가 난다. 러시아의 정규군은 90만 명이고, 전쟁 직전 우크라이나군은 20만 명이었다. 전차는 러시아군이 12,240대를 보유하고 있고, 우크라이나군은 2,596대이다.

상대적인 힘이 약한 우크라이나군은 드론을 비대칭 수단으로 효과적으로 사용하여 러시아와의 전쟁에서 잘 버티고 있다. 우크라이나군은 가격이 비싼 군사용 드론을 충분히 보유하고 있지 않았다. 그래서 민간인들이 가지고 있는 취미용 드론이나 상용 드론을 전투에 효과적으로 사용하고 있다.

① 상용 드론을 사용하는 우크라이나군 모습
②와 ③ 상용 드론을 모아서 우크라이나군에 기부하는 단체
(https://foundation.kse.ua/en/kse-foundation-distributes-dji-mavic-3-drones-to-the-front-line/)

우크라이나 정부는 러시아가 침공한 다음 날에 페이스북을 통해 수도 키이우 시민들에게 다음과 같이 도움을 요청했다. 시민들이 보유하고 있는 취미용 드론이나 상용 드론의 기부를 요청했다. 러시아의 침공 차단에 도움이 되도록 드론의 조종이 가능한 시민들에게 '드론여단' 참여도 요청했다.

"Do you have a drone? Then give it to an experienced pilot!

Or do you know how to fly a drone? Join the joint patrol with Unit 112 of the Kyiv City Special Brigade!" the Defense Ministry wrote. "Kyiv is our home, defending is a common task. Kyiv needs you and your drone at this difficult time! #StopRussia"

- 출처: www.dronewatch.eu

실제, 우크라이나 수도 키이우에서는 15세 학생이 취미용 드론으로 아버지와 함께 러시아 전차부대의 이동상황을 찍어서 제공함으로써 러시아 전차의 진격을 막는 데 큰 역할을 했다. 이 내용이 언론을 통해 보도되면서 화제가 되기도 했다.

15세 드론 영웅 Andriy Pokrasa
(https://www.ukrainianworldcongress.org/a-15-year-old-boy-helps-avoid-invasion-of-kyiv/)

민간에서 보유하고 있는 취미와 상용 드론의 기부를 요청했으며, 실제로 수천 대의 드론을 기부받았다. 폴란드와 미국 2곳에 수집장소를 마련하여 다른 나라로부터도 드론을 수집했다. 수많은 자원봉사 드론 조종사들이 우크라이나군에 합류했다. 캠페인을 통해 5만 7천 유로의 자금을 모집해서 우크라이나군의 드론 구매에 투입되었다.

> "To all my contacts in Poland and other countries. Ukraine needs your support. We need small parts for drones. Batteries, servos etc., ready to collect from the border. Anyone who can help with purchasing, please let me know. We can pay immediately. If you are able to help, send me your phone number via DM."
>
> - 출처: LinkedIn

기부받은 상용 드론
(www.dronewatch.eu)

이렇게 수집된 취미용 드론과 상용 드론은 자원입대한 드론 조종사들에 의해 우크라이나군의 작전을 성공적으로 지원하고 있다.

상용 드론과 취미용 드론은 군사용 드론과 비교해서 상대적으로 성능이 낮다. 우크라이나군이 가장 많이 사용하고 있는 상용 드론은 중국 DJI 사의 Mavic 3 드론이다. 비행거리가 30㎞이고 비행시간도 46분이다. 가격은 1,700유로, 우리 돈으로 200만 원 정도이다.

최대 고도: 6,000m
최대 비행거리: 30㎞
최대 속도: 시속 68.4㎞
날개 길이: 28.3㎝

Mavic 3 상용 드론
(https://en.wikipedia.org/wiki/DJI_Mavic)

군사용 드론과 비교하면 부족한 성능이지만, 이미 취미용 드론과 상용 드론의 효과는 전장에서 입증이 되고 있다. 전선 지역의 정찰, 표적 획득, 소형 폭발물 투하 등에 주로 사용되고 있다.

취미용 드론과 상용 드론은 제한된 성능이지만, 2,470㎞나 되는 우크라이나의 넓은 전선에서 러시아군 활동을 지속해서 감시하여 촬영한 영상을 제공하고 있다. 이렇게 제공된 영상정보는 우크라이나군의 대응에 큰 도움을 주고 있다. 과거의 방식으로 2,470㎞의 전선을 감시하려고 하면, 얼마나 많은 인원과 장비가 투입될지를 상상해 보면 금방 답이 나온다.

드론 조종을 위해 군에 자원한 사람들은 '지역방위단'을 구성하여 러시아의 침공을 저지하는 역할을 한다. 전선 지역에서는 불과 2~4㎞ 떨어진 지역에서 드론을 조종한다. 하지만, 그러한 위험 속에서도, 전선에서는 민간에서 사용하던 드론이 전투 현장의 정보를 실시간(real time)으로 제공하여 군사작전사령부의 적시적이고 빠른 판단에 큰 도움을 주고 있다.

이들은 취미용 드론을 이용하여 적의 표적을 식별하고 위치를 파악한다. 이렇게 획득된 영상정보는 부대 전투상황실로 제공이 된다. 그러면 부대에서는 표적을 확정하여 사격한다. 드론 조종사들은 다시 우크라이나군의 포병사격에 의한 러시아군의 피해 상황을 파악하여 부대 전투상황실로 보고한다. 소형 폭탄을 취미용 드론에 달아서 직접 러시아군의 진지나 장비 상공에서 폭탄을 투하하는 작전도 수행한다.

우크라이나군이 드론을 작전 현장에 투입한 것은 이번이 처음은 아니다. 돈바스 지역이 분리독립을 선언하면서 반군과의 전투에도 드론을 투입하였다. 이때는 드론 크라우드 펀딩을 통해 우크라이나 자체 드론을 제작했다. 많은 국민이 돈, 서비스, 물품을 기부했다. 이렇게 해서 제작된 드론은 도네츠크와 루간스크 분리주의 지역 정찰에 사용되었다.

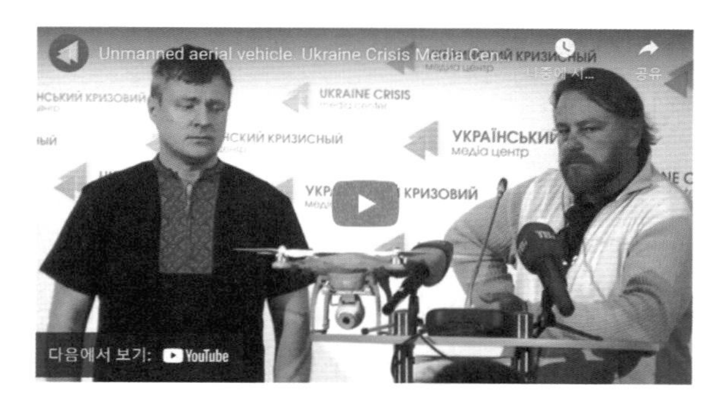


**Volunteer project "Aerorozvidka" produces alternative drones for soldiers in the ATO zone**

2014년 돈바스 지역(ATO Zone)에 투입된 드론
(https://uacrisis.org/uk/8382-volonterskijj-proekt-aerorozvidka)

러시아군도 소형 취미용 드론을 전쟁에 투입하고 있다. 『뉴욕타임스』의 보도에 따르면, 중국의 26개 업체가 전쟁 이후에 156억 원 이상의 취미용 드론을 러시아에 수출했다. 수출된 드론의 절반 이상은 DJI 제품이다. 다음 사진은 2020년에 돈바스 지역에서 러시아군이 실제로 사용했던 DJI 사의 드론이다.

돈바스에서 러시아군이
사용한 상용 드론
(twitter)

이에 따라 BBC 뉴스와의 이메일 인터뷰에서 우크라이나 정부 관료는 전쟁 이후에 중국 DJI 사에 러시아로의 드론 판매 중지를 요청했다고 밝히고 있다.

최근 우크라이나 전쟁에서 취미용 드론의 효과적 사용은 우리에게 여러 가지 함의를 준다. 개인적으로 다음과 같이 4가지의 정책을 제안해 본다.

**첫째, 군은 이것저것 따지지 말고 드론의 활용방안을 먼저 모색해야 한다.** 이미 전장에서 드론이 이렇게 성공적으로 사용되고 있는데 우리 군의 드론 전력화는 여전히 느리다. 일단 사용하면서 부족한 분야는 채워 가야 한다. 그런데 이것저것 부족한 분야를 먼저 따지고 있다. 소음이 높다, 주파수 문제가 있다, 적의 재밍에 약하다, 바람에 취약하다, 보안 유지에 문제가 있다, 비행시간이 짧다, 비행거리가 짧다 등등 안 되는 요소를 1분 안에 10여 가지 얘기한다. 이런 것 좀 제발 따지지 말고 일단 다소 허접해도 도입해서 활용해야 한다. 활용하면서 부족함을 채워 가는 '진화적 ROC' 적용이 이제는 선택이 아닌 필수가 되어야 한다.

**둘째, 국방부는 드론을 예비전력의 중요한 요소로 활용해야 한다.** 비행시간과 거리가 짧은 취미용 드론도 훌륭한 군사 장비로 활용할 수 있음을 우크라이나 사태는 보여 주고 있다. 전쟁은 상비전력과 예비전력을 합해서 수행한다. 우리 군의 작전계획만 보아도 예비전력의 비중이 상비전력의 비중보다 높다. 이제는 드론과 관련된 모든 요소도 중요한 예비전력이 되도록 계획하고 준비해야 한다. 유사시에는 상용 드론, 취미로 드론을 조종하는 사람, 드론 완제품이나 구성품을 생산하는 시설이나 능력 등을 모두 예비전력의 요소로 활용해야 IT 기반의 디지털 전쟁 수행이 가능하기 때문이다.

**셋째, 정부는 국내 민간 드론산업을 신속하게 키워야 한다.** 드론은 이미 국가의 미래 신기술로 지정되어 있다. 그러나 국내 민간의 드론 산업 생태계 구축은 여전히 느리다. 드론이 산업의 여러 분야에서 중요한 기능을 발휘하는 세상이 되었다. 국가의 생존과 관련되는 안보 분야에서의 드론의 중요성은 이미 우크라이나에서 입증되고 있다. 국내의 민간 드론산업이 탄탄해지면 이는 곧 국방력의 강화로 활용될 수 있다. 드론산업의 경제적 효과가 안보적 효과로 직접 이어진다. 국가의 다양한 기능에서 국내 드론산업의 발전을 위해 노력하고 있다. 하지만 이 분야도 좀 더 속도를 내야 한다.

**넷째, 국방부는 국내 민간 드론산업을 키우기 위해서 국방 분야의 공**

**공소요를 획기적으로 늘려야 한다.** 앞의 '우크라이나 전쟁과 공격용 드론'에서도 동일한 제언을 했다. 새로운 산업이 뿌리를 내리려면 초기 소요가 보장되어야 한다. 초기 소요는 민간 영역에서보다는 공공 부분에서 창출해 주어야 한다. 경제성만 따지면 정상적인 수요 창출이 어렵기 때문이다. 드론과 관련해서 공공 부분에서의 수요 창출은 국방이 해 주어야 한다고 생각한다. 이번 우크라이나 사태에서 보듯이 국방 분야에서의 드론의 효용성이 높기 때문이다. 군이 6대 전장 기능의 교육훈련에 드론을 활용한다면 매년 수십만 대의 드론 수요를 창출할 수 있다. 국방부는 군의 전력화 소요 관점에서만 접근하기보다는 국내 드론산업 생태계 구축 차원에서 우리나라 공공 분야의 수요 창출을 선도해야 한다고 생각한다.

조금은 엉뚱해 보이지만, 매년 군에 입대하는 장병들에게 드론을 개인 보급품의 하나로 지급하여 날려도 보고 취미로 갖고 놀기도 하고 전역할 때는 가지고 가도록 하여 그야말로 드론이 생활의 일부가 되도록 하자는 제언을 한 적이 있다. 이렇게 하면 국방이 매년 수십만 대의 드론을 구매해 줄 수 있기 때문이다.

# 스타링크, 우크라이나 드론 작전의 숨겨진 조력자(enabler)

우크라이나 전쟁에서의 드론 활약은 스타링크(Starlink) 덕분이다! 우크라이나군은 러시아와 2년째 전쟁을 계속하고 있다. '다윗과 골리앗' 싸움이라는 사람들의 비유를 무색하게 할 만큼 잘 싸우고 있다.

이번 전쟁이 이전의 전쟁과 크게 다른 한 가지가 있다. 우크라이나군의 드론을 이용한 군사작전이다. 우크라이나군이 드론으로 러시아의 군인과 장비를 효과적으로 공격하는 소식들이 지구촌에 알려지면서 세간의 관심이 한층 높아지고 있다.

지금까지 알려진 바에 따르면 우크라이나군은 드론을 이용하여 2022년 한 해에만 러시아군의 전차 460여 대, 장갑차 2,000여 대를 파괴하였다. 최근에는 러시아와의 국경에서 수백 ㎞ 떨어진, 러시아 본토 깊숙한 곳의 군사시설도 드론으로 타격했다고 보도되고 있다.

우크라이나 드론의 러시아 내륙 타격
(https://www.ukrainianworldcongress.org/targets-1500-km-deep-in-russia-are-no-longer-problematic-for-ukraine-danilov/)

우크라이나군은 자체 보유한 드론, 민간에서 보유한 드론, 튀르키예에서 생산된 드론(바이락타르 TB2), 미국이 제공한 자폭 드론(스위치블레이드) 등을 이용하여 드론 작전을 수행하고 있다. 전쟁의 초기부터 우크라이나군의 드론에 의해 러시아군이 심리적으로 큰 충격을 받고 있다.

이러한 드론을 활용하여 우크라이나군은 4차 산업혁명 시대의 새로운 모습으로 전투를 수행하고 있다. 러시아군이 전쟁 이전과 전쟁 초기에 시도했던 하이브리드전(전통적인 군사수단과 함께 정치공작, 경제침투, 정보의 탈취와 교란, SNS를 포함한 사이버 등 비군사적인 수단을 써서 수행하는 전쟁)을 드론 작전 덕분에 이제는 우크라이나군이 수행하고 있다.

우크라이나군의 성공적인 드론 작전은 미국 스페이스엑스(SpaceX) 사의 일론 머스크(Elon Musk)가 스타링크라는 소위 '하늘에 떠 있는 휴대전화기 중계기'와 같은 역할을 하는 시스템을 제공하여 가능하였다.

다음 그림은 드론이 기능을 발휘하기 위한 기본 구성을 보여 준다. 드론의 기본 구성을 보면, 전쟁 초기 우크라이나군의 드론 작전 수행은 불가능했다. 전쟁 초기에 러시아군이 우크라이나에서 인터넷을 포함한 정보유통에 필요한 모든 지상 시설을 파괴해 버렸기 때문이다. 원격으로 통제해야 하는 드론의 특성 때문에, 정보유통 기능이 발휘되지 않으면 드론은 한낱 쇳덩어리에 불과하다.

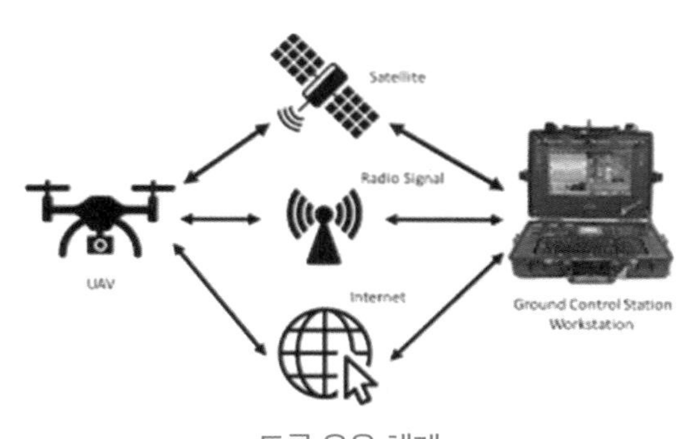


드론 운용 체계
(Aljehani, M., Inoue, M., Watanbe, A. et al. UAV communication system integrated into network traversal with mobility. SN Appl. Sci. 2, 1057(2020))

드론이란 무인 비행체이자 원격으로 통제하는 하늘에 떠 있는 로봇이다. 그래서 드론이라는 비행체만 있어서는 기능이 제대로 발휘될 수 없다.

드론을 원격으로 통제하는 통제기 또는 통제센터가 있어야 한다. 여기에 드론과 통제기를 유선이나 무선으로 연결해 주는 정보유통 시스템이 필요하다. 부가적으로 드론이라는 기체에 영상 촬영을 위한 카메라나 공격을 위한 폭탄이나 화기, 정찰을 위한 탐지 수단이나 레이다 등의 임무장비를 부착하게 된다.

전쟁 초기에 지상 기지국이 파괴되면서 드론과 통제기를 연결해 주는 정보유통이 어려워졌다. 우크라이나군은 그런데 어떻게 성공적인 드론 작전을 수행할 수 있었을까? 일론 머스크가 구세주 역할을 하였다. 정보유통의 기능을 하는 스타링크라는 '하늘의 중계기'를 제공하여 인터넷을 통한 정보유통이 가능해졌기 때문이다.

정보유통 체계는 정보가 흐르는 혈관이다. 스타링크는 지상 기지국이 파괴된 우크라이나군이 드론을 운용할 수 있도록 정보 혈관을 제공한 셈이다. 이는 또한 궁극적으로 우크라이나군이 효과적으로 전쟁을 지휘할 수 있는 신경계의 기능이 발휘되도록 해 주었다.

일론 머스크는 우크라이나에 드론의 정보 유통체계 기능을 하는 스타링크 단말기 1,500세트를 제공하였다. 우크라이나군은 이러한 단말기를 가지고 4차 산업혁명 시대의 전쟁을 수행할 수 있게 된 것이다.

스페이스엑스 사의 스타링크는 쉽게 표현해서 '하늘에 떠 있는 휴대전화기의 기지국'이다. 다음 그림은 스타링크가 정보를 유통하는 절차를 잘 보여 준다.

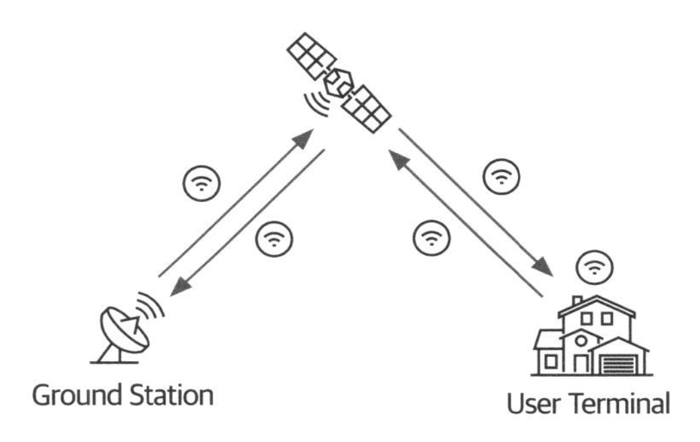

스타링크 운영체계도

스타링크는 인공위성을 활용하여 통신정보를 제공하는 체계이다. 그래서 휴대전화 서비스로 따지면, 하늘의 기지국인 셈이다. 일론 머스크의 스페이스엑스 사는 지상으로부터 550㎞ 저궤도에, 현재 3,580

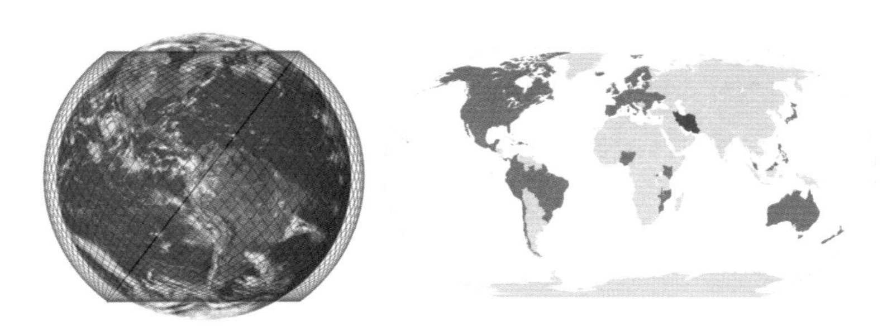
스타링크 위성과 서비스 가능 지역
(https://en.wikipedia.org/wiki/Starlink)

개의 위성을 띄워서 아래의 지도로 표시한 지역에 이러한 서비스를 제공하고 있다. 주파수는 12~75㎓를 사용하는 Ku, Ka, V band를 사용하고 있다. 지상 기지국도 20개 이상을 운용하고 있다. 2022년 12월 기준으로 사용자는 대략 100만 명이다. 사용자들의 월 이용료는 500 달러이다.

우크라이나 전쟁은 일론 머스크에 의해 완벽하게 4차 산업혁명 시대의 전쟁으로 바뀌었다고 생각한다. 전쟁의 영역을 지상, 해상, 공중에서 지상, 해상, 공중, 전기, 자기, 사이버, 우주, 인지 영역으로까지 확대하는 실질적인 모습을 보여 주었다. 4차 산업혁명 기술이 접목되어야 비로소 승리할 수 있다는 사실을 증명해 주었다.

이미 전장의 게임체인저가 된 드론이 효과적인 전쟁의 수단이 되려면 기체, 통제기, 정보유통체계가 균형적으로 발휘되어야 한다. 우크라이나군에 스타링크를 제공한 일론 머스크가 이 중에서 정보유통체계를 제공하여 드론 작전의 효과 발휘가 가능해졌다.

드론을 게임체인저로 갖추고자 노력하고 있는 우리 군에게 우크라이나 전쟁에서 스타링크의 활약은 많은 시사점을 준다고 생각한다. 스타링크가 우리나라 드론의 생태계를 구성하는 산업계, 학계, 연구소, 군을 포함한 실제 수요자 모두에게 좋은 학습의 재료가 될 수 있다고 생각한다.

4장

# 드론, 4차 산업혁명 시대 전쟁터의 창

# 드론의 최근 무력분쟁 활용 사례

## 아제르바이잔-아르메니아 전쟁

아제르바이잔-아르메니아 전쟁은 2020년 9월부터 11월까지 아르메니아 및 나고르노-카라바흐(Nagorno-Karabakh) 지역의 자치공화국인 아르차흐(Artsakh) 공화국과 아제르바이잔 사이에서 진행되었던 전쟁이다.

아제르바이잔과 아르메니아 전쟁은 군사작전이 새로운 양상으로 전개될 것임을 예고한 대표적인 사례이다. 전투의 현장에서 드론의 효용성을 증명하면서 4차 산업혁명 시대의 전쟁이 어떤 형태로 진행될지를 보여 주는 서곡이었다.

아르메니아와 아제르바이잔 사이에 오랫동안 분쟁 지역으로 있는 나고르노-카라바흐 지역(지도의 황색 부분)이 분쟁의 출발지였다. 44일 동안 지속된 전쟁은 드론을 대규모로 다양하게 사용한 아제르바이잔의 일방적인 승리로 끝났다. 전쟁의 결과, 나고르노-카라바흐 지역에는 러시아 평화유지군이 투입되었으며, 아르메니아의 나고르노-카라바흐에 대한 실효적인 지배도 아르차흐 공화국의 수도인 스테파나케르트(Stepanakert) 인근으로 축소되었다.

2020년 9월 27일에 아제르바이잔군이 나고르노-카라바흐 지역의 마르투니(Martuni)를 공격하면서 전쟁이 시작되었다. 전쟁이 시작되자 양국 모두 동원령과 계엄령 선포하면서 전면전을 수행했으며, 11월 10일에 분쟁이 중단되었다.

나고르노-카라바흐(Nagorno-Karabakh) 지역
(https://en.wikipedia.org/wiki/September_2022_Armenia%E2%80%93Azerbaijan_clashes)

나고르노-카라바흐 지역은 아르메니아와 아제르바이잔 무력분쟁의 원인이다. 이 지역이 국제법상으로는 아제르바이잔 영토이지만 아르메니아인들이 거주하고 있어서, 아르메니아와의 합병을 지속해서 요구하고 있기 때문이다.

지금의 나고르노-카라바흐 지역 상황은 강대국 갈등이 만든 결과라고 할 수 있다. 출발점은 19세기 러시아제국의 남방정책 추진이다. 러시아제국이 남방정책을 추진하는 과정에서 이란과의 전쟁에서 승리하여 아르메니아, 아제르바이잔, 조지아 지역을 이란으로부터 할양받았다. 이후 러시아제국은 이란을 견제하기 위해 아제르바이잔인을 현재의 나고르노-카라바흐 지역으로 이주시켰다. 동시에 쿠르드족인 아제르바이잔을 견제하기 위해 아르메니아인들의 아제르바이잔으로의 진출도 허용하여 아르메니아인들이 아제르바이잔의 수도인 바쿠(Baku) 지역까지 진출했다. 1912년에는 스탈린이 아르메니아를 견제하기 위해 나고르노-카라바흐 지역을 아제르바이잔에게 넘겨주었다.

동서 냉전기 전후로는 미국이 아르메니아를 지원했다. 이에 따라 양국의 무력분쟁에서 아르메니아가 압승하면서 실효적인 지배를 확장하였다. 1994년에 끝난 양국의 전쟁에서 아제르바이잔은 나고르노-카라바흐 지역을 포함하여 영토의 20%를 상실했다. 소련의 붕괴 후에는 상황이 또 바뀌었다. 아르메니아가 러시아군 주둔을 포함한 친러 정책을 강화했다. 그러자 양국의 2016년 분쟁에서는 미국, 이스라엘, 튀르키예가 아제르바이잔을 지지했다. 2020년 분쟁에서는 아프가니스탄, 이란, 파키스탄과 튀르키예가 아제르바이잔을 지지했다. 제각각 지역에서의 영향력 증대와 함께 러시아의 견제를 위해서다.

이 전쟁을 군사작전 차원에서 정리해 보면, 어제(과거)의 전투방식을 반복한 아르메니아군을 상대로 어제 수행했던 전투방식을 반복하기보다는 내일(미래)의 전투를 수행하기 위해 준비하고 시행한 아제르바이잔군의 일방적인 승리라고 표현할 수 있다.

아르메니아군이 이번 전쟁에서 반복한 군사작전의 형태는 지상 영역을 주로 사용하는 제병협동전투였다. 포병과 재래식 공중 전력인 전투기나 헬기의 화력지원을 받으면서 신속하게 전차와 장갑차를 포함한 기동 전력이 목표 지역으로 이동하여 적을 제압하는 방식이다.

2016년에 수행한 군사작전의 방식을 크게 벗어나지 않았다.

상대인 아제르바이잔군은 아르메니아군이 반복한 전투방식인 제병협동전투에서 벗어난 내일의 전투를 준비했다. 드론을 활용하여 공중영역 위주의 작전으로 아르메니아군의 지상 영역의 전투력을 효과적으로 무력화시켰다.

양국의 물리적인 군대 규모는 유사했다. 아제르바이잔군은 튀르키예와 이스라엘에서 생산된 드론을 보유하고 있었으며, 자주포와 다련장포가 아르메니아보다 우위에 있었다. 아르메니아군은 자체 제작한 드론을 보유하고 있었으며, 전술미사일은 아제르바이잔보다 다소 우위였다. 아르메니아군 전술 제대의 전투 수행 능력과 소부대지휘관의 지휘력은 상대보다 훨씬 우수했다. 그러나 혁신적으로 내일의 전투를 준비한 아제르바이잔의 드론 운용 전술을 능가하지 못했다. 아제르바이잔군은 드론으로 아르메니아군의 포병과 전술미사일을 무력화하면서 속전속결과 최소의 희생으로 전쟁을 종결하였다.

아제르바이잔군 드론 전투 수행의 특징은 다음의 3가지로 요약할 수 있다.

**첫째, 드론이라는 무인전투체계를 효과적으로 활용하여 전쟁의 영역을 지상 위주에서 지상과 공중영역으로 확대하였다.** 아제르바이잔군은 아르메니아군이 취약한 공중공간을 비대칭적으로 활용하여 일방적인 승리를 했다. 드론으로 정찰하여 적을 찾고, 드론으로 공중에서 표적을 획득하여 화력지원 수단인 포병부대에 제공하고, 공격 드론과 자폭 드론으로 직접 적의 장비와 인원을 타격했다.

아제르바이잔군이 이번 전쟁에서 주로 사용한 드론은 튀르키예에서 제작한 바이락타르(Bayaktar) TB2, 이스라엘에서 제작된 하롭(Harop) 자폭 드론, 튀르키예에서 제작된 자폭 드론인 STM Kargu였다.

아제르바이잔군은 2016년부터 도입한 바이락타르 TB2 드론을 대량으로 투입하였다. 바이락타르 TB2 드론은 정찰, 정밀타격, 포병사격 표적 정보의 획득과 제공이 가능하다. 아제르바이잔군은 바이락타르 TB2 드론으로 초기 24일 동안의 전투에서 아르메니아군 전차 114대, 장갑차 43대, 다련장포 141문, 지대공미사일과 레이더 탑재 차량 42대 등 총 633대를 파괴했다.

2020년 아제르바이잔 Baku Victory Parade에서 선보인 바이락타르 TB2 드론 (https://en.wikipedia.org/wiki/Second_Nagorno-Karabakh_War)

아제르바이잔군은 이스라엘에서 구매한 자폭 드론인 하롭(Harop)을 이용하여 공중에서 아르메니아군의 고정표적과 이동표적을 타격했다. 하롭은 표적 주변을 선회하다가 급강하하여 정밀타격하는 자폭 드론이다. 정찰 드론이 적의 전투 장비를 식별하면, 하롭은 식별된 전투 장비 상공을 선회하다가 신속하게 타격한다. 주간과 야간 구분 없이 고정된 표적이나 움직이는 표적을 정확하게 맞출 수 있다.

하롭 자폭 드론
(https://en.wikipedia.org/wiki/IAI_Harop)

STM Kargu 자폭 드론
(https://en.wikipedia.org/wiki/STM_Kargu)

아제르바이잔군은 튀르키예에서 생산된 소형 자폭 드론인 STM Kargu도 사용하였다. 하롭 드론처럼 표적 주변에서 선회하면서 타격할 수 있다. 사람이 휴대할 수 있으며 고정표적과 이동표적 모두 타격할 수 있다. 2020년부터 운용을 시작했다. 드론의 제원을 보면 길이 60㎝, 무게 7.06kg, 최대속도 시속 72㎞, 운용고도 2,800m, 비행시간 30분, 작전반경 10㎞이다. 다양한 용도의 무장을 장착할 수 있다.

아제르바이잔군은 보유하고 있던 공중 침투용 소형 유인 회전익항공기인 An-2기를 무인기로 개조하여 이번 전쟁에서 정찰용으로 사용하였다. 복엽기인 An-2기는 속도가 느리고 기체가 드론보다는 커서 적의 방공무기에 쉽게 격추될 위험성이 크다. 그래서 현대전에서는 유인항공기로서의 효용성이 떨어진다. 참고로 An-2기는 1947년부터 2001

년까지 생산되었으며, 탑승인원 12명, 시속 190㎞, 항속거리 845㎞의 다목적 경항공기이다.

An-2기
(https://en.wikipedia.org/wiki/Antonov_An-2)

아제르바이잔군은 무인기로 개조된 An-2기를 아르메니아군 방공무기를 찾는 데 활용하였다. 정찰 드론이나 공격 드론이 전투 현장에 투입되기 이전에 적의 방공무기를 찾아서 무력화하여 드론의 생존성을 보장하기 위한 전술이었다.

드론이라는 무인전투체계를 혁신적으로 사용하기 위해 준비하고 실제 적용한 아제르바이잔군과 달리 어제의 전투방식을 반복한 아르메니아군의 패배는 이미 예정되어 있었다. 아르메니아군은 지상에서의 보병과 전차가 협업하여 전투를 수행하는 방식의 전쟁을 위해 진지, 교통호, 장비호 등을 정밀하게 구축하는 데 집중하였다.

**둘째, 아제르바이잔군은 드론이라는 무인전투체계를 기존의 재래식 유인 전투체계와 결합하여 시너지를 내는 유무인 복합전투체계를 구현했다.**

다음 사진은 아제르바이잔군이 공격 드론으로 아르메니아군 전차를 타격하기 위해서 조준하는 모습이다. 아제르바이잔 국방부 홈페이지에는 아직도 당시 드론 전투의 영상이 많이 탑재되어 있다.

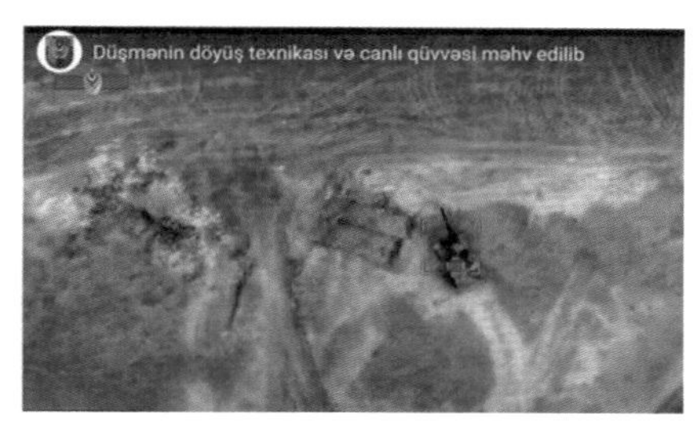


공중에서 아제르바이잔군 드론이
아르메니아군 전차를 조준하고 있는 모습
(아제르바이잔 국방부 홈페이지)

공중영역을 활용한 지상 전투의 입체화는 3차 산업혁명 시대의 유인 전투체계인 전차, 장갑차, 곡사포, 다련장포 등과 드론이라는 무인전투체계를 효율적으로 통합하여 유인 전투체계로 2차원적(평면)인 전투를 수행하는 아르메니아군을 압도했다. 아제르바이잔 지상군의 유무인 복합전투 수행 절차를 그려보면 다음과 같다.

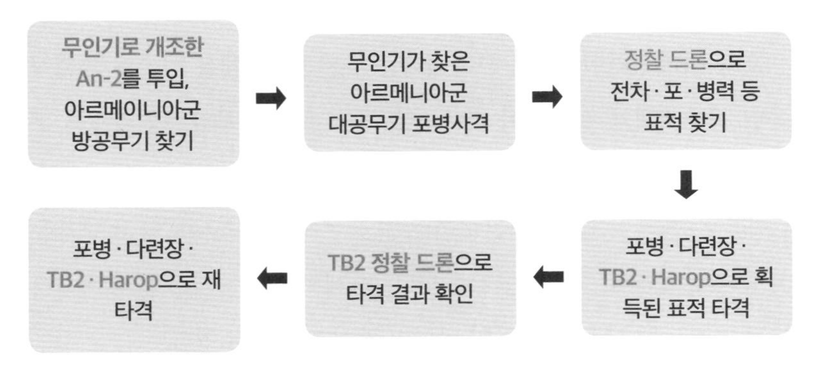


아제르바이잔군 유무인 복합전투 수행 체계도
(빨간색 글씨가 무인전투체계)

무인기로 개조한 An-2기를 적진에 투입하여 아르메니아군 방공무기를 먼저 찾았다. 적진에 투입되는 드론의 생존성을 보장하기 위한 전술이다. An-2기로 찾은 적의 방공무기는 곡사포, 다련장포와 같은 유인 무기체계로 타격하여 위협을 제거했다.

이렇게 아르메니아군의 대공 위협이 제거되면 TB2 정찰 드론을 적진에 투입하여 전차, 포병, 병력, 지휘소 등 아르메니아군의 주요 표적을 식별하여 공유하였다. 정찰 드론으로 식별한 적의 표적은 곡사포, 다련장포, TB2 공격 드론, 하롭 자폭 드론 등으로 지상과 공중에서 정밀타격하여 신속하게 무력화시켰다. 타격 후에는 다시 정찰 드론을 투입하여 타격의 결과를 확인하고 필요한 곳에는 이전과 동일하게 유무인 전투 수단을 활용하여 다시 타격하였다.

이동하는 아르메니아군의 부대는 TB2 공격 드론으로 선두와 후미를 공격하여 기동부대를 정지시켰다. 이렇게 정지된 부대는 자폭 드론 같은 무인전투 수단과 포병과 같은 유인 전투 수단을 결합하여 효과적으로 타격하였다.

아제르바이잔군이 드론을 활용하여 수행한 유무인 복합전투는 새로운 형태의 하이브리드전이자 우리에게 미래전의 모습을 희미하게나마 보여 주는 군사적으로 의미 있는 혁신이라고 할 수 있다.

**셋째, 비물리적인 영역인 여론전에 드론의 위력을 효과적으로 활용하였다.** 아제르바이잔군은 드론을 활용한 입체적인 유무인 복합전투로 아르메니아군을 압도하는 전투 영상을 아제르바이잔 국민은 물론 전 세계와 실시간으로 공유하였다. 관련 전투 영상을 방송으로 계속 방영하면서 SNS를 활용하여 전파하였다. 아제르바이잔 국방부 홈페이지에도 드론에 의해 아르메니아 지상의 무기체계가 무력화되는 영상을 계속 올리고 홍보하였다. 공중영역에서 드론의 활약으로 상대를 제압하는 영상은 아제르바이잔 국내적으로는 국민의 결속을 다질 수 있었고, 밖으로는 아르메니아군과 국민을 심리적으로 위축시키고 두려워하게 하였다.

현대전은 싸움터가 비물리적인 영역으로까지 확대되었다. 심리전, 여론전 등이 이에 해당한다. 첨단 무기체계의 효과만큼이나 비물리적인 영역에서의 무형 전투력이 전쟁의 승패에 미치는 영향이 크기 때문이다. 아제르바이잔군은 드론을 활용한 혁신적인 전쟁 수행의 성과를 전술적, 전략적인 차원에서의 심리전과 여론전에 활용하여 전쟁을 조기에 종결할 수 있었다.

2020년 아제르바이잔과 아르메니아 전쟁의 핵심은 드론의 활용이다. 이 전쟁에 우리에게 주는 함의는 3가지라고 생각한다.

**첫째, 드론이 보여 주는 높은 가성비다.** 아제르바이잔과 아르메니아는 다음 표에서 알 수 있듯 모두 개발도상국이다. 영토와 인구, 경제 규모의 차이는 있지만 1990년대 전쟁에서는 아르메니아가 압도적으로 승리했다. 이번 전쟁에서도 드론은 높은 가성비를 보여 준다. 경제력이 크지 않은 나라도 이제는 드론이라는 4차 산업혁명 시대 새로운 창으로 무장할 수 있고, 그렇게 무장해서 3차 산업혁명 시대의 창과 방패를 가진 상대와 싸워서 이길 수 있음을 보여 준다.

우리나라 주변국의 물리적인 군사력 규모는 우리보다 훨씬 크다. 이번 전쟁은 드론이 주는 높은 가성비를 잘 활용하면 상대적으로 힘이 약한 나라가 상대적으로 힘이 강한 나라와의 군사적 대결에서도 충분히 승리할 수 있음을 다시 한번 보여 주었다.

아제르바이잔과 아르메니아 비교
(World Factbook(2023, CIA)과 Wikipedia 참고)

| 구분 | | 아제르바이잔 | 아르메니아 |
|---|---|---|---|
| 국가 규모 | 인구 | 10,420,515명 | 2,989,091명 |
| | 영토 | 86,600㎢ | 29,743㎢ |
| | 인종(종교) | 아제르바이잔인 91.6%<br>(이슬람 97.3%) | 아르메니아인 98.1%<br>(로마 정교회 92.6%) |
| | GDP(PPP) | 1,460억 달러 | 396억 달러 |
| | 1인당 GDP | 14,400달러 | 14,200달러 |
| 군사력 | 상비병력 | 95,000명 | 45,000명 |
| | 국방비 | GDP 4.5% | GDP 4.3% |
| | 주요 군사 장비 | 양국이 유사 | |

**둘째, 드론이라는 새로운 창을 효과적으로 활용하는 방법의 발전과 적용의 중요성이다.** 이번 전쟁에서 드론은 공중영역이라는 새로운 전쟁의 공간에서 효과를 발휘하였다. 심리전, 여론전이라는 비물리적인 영역에서의 싸움에서도 효과를 발휘하였다. 3차 산업혁명 시대의 전투장비인 유인 무기체계와의 효과적인 결합으로 시너지를 발휘하였다.

4차 산업혁명 시대의 기술을 접목하여 새로운 창을 만드는 것만으로는 부족하다. 드론이라는 새로운 창을 어떻게 전투의 현장에서 활용하여 군사작전에 승리할 것인지를 같이 발전시켜야 한다. hardware와 software의 결합이 중요하다. 우리 군의 교육기관에서 어제(과거)의 전투 수행 방식에 대한 교육을 반복하고 있지는 않은지 항상 반문하고 검토해 보아야 한다. 우리의 노력이 hardware에 더 치중되어 있지는 않은지도 살펴보아야 함을 이번 전쟁은 우리에게 보여 주고 있다.

**셋째, 드론을 활용한 새로운 군사작전 수행을 속도감 있게 추진할 수 있는 군사 리더십의 중요성이다.** 아제르바이잔군은 2016년의 무력 분쟁에서도 드론을 사용하였다. 하지만 2016년 전투에서는 아르메니아의 방공무기에 의해 아제르바이잔군의 드론이 많이 격추되었다. 드론이 전투 현장에서 효과를 발휘하지 못했다는 사실을 비난만 하거나 효용성이 없다고 다시는 접목을 시도하지 않았다면 아제르바이잔군은 2020년의 전투에서도 아르메니아군과 같이 어제의 전투방식으로 싸웠을 것이다.

아제르바이잔군은 2016년의 드론 작전에서 성공하지 못했지만 4차 산업혁명 시대의 전투 양상을 예측하고 드론을 활용한 전투에 더욱 매진하였다. 이런 시도가 가능한 조직의 문화를 만들고, 속도감 있게 짧은 시간에 군을 혁신하는 사안은 군사 리더십의 역할이자 역량이다. 드론이라는 새로운 수단을 신속하게 갖추고 이를 전장에 접목하여 최소의 희생으로 최대한 빨리 전쟁을 종결한 이번 전쟁은 다시 한번 우리에게 군사 리더십의 역할과 역량이 얼마나 중요한지를 생각하게 한다.

새로운 수단이나 방법을 조직에 도입하는 일은 항상 어렵다. 새로운 시도를 주저하거나 시도하지 않으려는 것이 공직사회의 일반적인 경향이기 때문이다. 이러한 주저함을 이겨 내고 혁신하기 위해서는 강한 리더십이 필요하다. 우리 군의 4차 산업혁명 기술이 우리 군에 얼마나 속도감 있게 접목되고 있는지를 살펴보면 우리 군의 조직 리더십을 가늠할 수 있다고 생각한다.

## 예멘 내전의 드론 전투(후티 반군 vs 예멘 정부군 · 사우디아라비아 · UAE)

예멘 내전은 2014년에 시작하여 아직도 진행 중인 국지적인 무력분쟁이다. 예멘 내전에서도 분쟁의 당사자들이 다양한 군사작전의 목적을 달성하기 위해 드론을 사용하고 있다.

현재는 후티 반군, 정부군, 남부과도위원회(STC, Southern Transitional Council) 등이 예멘을 지역별로 점령하고 있다. 시아파인 후티 반군은

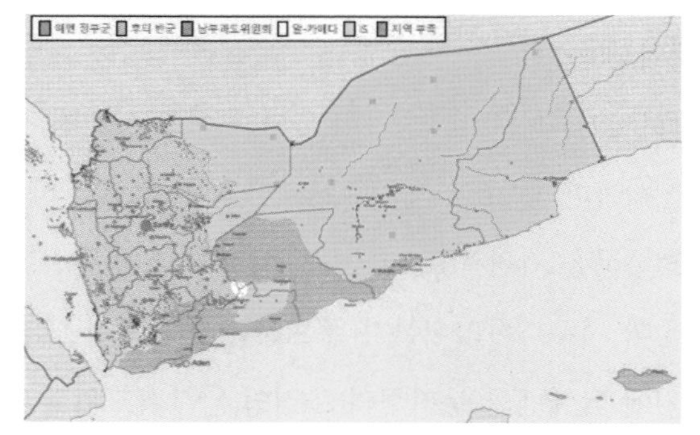


예멘 지역별 통제 · 점령 세력(2022년 10월 기준)
(https://en.wikipedia.org/wiki/Yemeni_civil_war_(2014%E2%80%93present))

이란이 배후에서 지원하고 있으며, 수니파인 정부군은 사우디아라비아가 배후에서 지원해 왔다. 이후 정부군이 후티 반군에 밀리면서 사우디아라비아가 아랍에미리트(UAE), 예멘 정부군과 함께 연합군을 형성하여 후티 반군과 직접 전투를 수행하는 상황이다.

예멘은 1962년에 남예멘과 북예멘으로 분리된 상태로 영국으로부터 독립했다. 북예멘은 자본주의 기반의 수니파이고 남예멘은 사회주의로 출발한 시아파가 주축이다. 양측은 1972년과 1974년에 전쟁을 했으면 1990년에 합의로 통일국가가 되었다. 이후 남예멘이 내전을 시작했으나 북예멘이 승리해서 1994년에 예멘 전역을 통일했다. 그러나 통일된 예멘을 통치하던 북예멘 출신 대통령의 독재와 부패가 심해지면서 2004년부터 북예멘 북부 지역에 기반을 두고 있는 시아파의 후티가 이끄는 조직의 반정부 저항이 시작되었다. 후티 반군 세력이 2015년에 북예멘 전역을 장악하면서 예멘 정부가 남예멘의 아덴으로 이동한 상태에서 분쟁이 계속되고 있다.

내전의 당사자가 최초에는 수니파 하디가 이끄는 예멘 정부군과 후티가 이끄는 시아파 후티 반군이었다. 수니파의 맹주인 사우디아라비아가 하디 정부군을 지원하고 시아파인 이란이 후티 반군을 지원하면서 후티 반군과 사우디아라비아가 주도하는 연합군의 내전으로 변화되었다. 여기에 남예멘의 분리주의 조직인 남부과도위원회와 알카에다가 일부 지역을 장악하면서 다수의 세력이 내전의 당사자가 되고 있다. 최근에는 UAE가 사우디아라비아가 이끄는 연합군에서 철수하여 남부과도위원회를 지원하고 있다.

이처럼 주변국까지 합세하여 복잡하게 전개되는 예멘 내전에서도 드론이 다양하게 사용되고 있다. 내전의 당사자들이 무력분쟁의 과정에서 어떻게 드론을 활용하고 있는지를 살펴서 앞으로의 군사작전에 접목하는 교훈을 얻을 수 있다. 여기서는 예멘 내전의 당사자별 군사작전 차원이 아닌 단편적인 드론 운용 전투 사례들을 제한적으로 정리한다.

### 후티 반군의 사우디아라비아 정유시설 드론 공격

2019년 9월 14일, 후티 반군에 의한 사우디아라비아 동부 아람코 정유시설 2곳에 대한 드론 공격으로 해당 시설의 기능이 마비되었다. 후티 반군은 예멘 내전에 개입하고 있는 사우디아라비아의 무차별적인 민간인 공격에 대응하여 10대의 드론으로 사우디아라비아의 정유시설을 공격했다고 밝혔다.

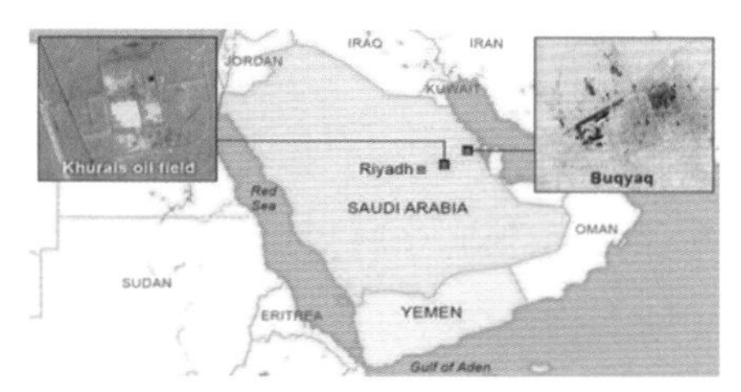


후티 반군이 드론 공격한 사우디아라비아 정유시설 (https://en.wikipedia.org/wiki/Abqaiq%E2%80%93Khurais_attack)

사우디아라비아군의 방공망은 후티 반군의 드론을 제압하지 못했다. 해당 정유시설에는 한 개의 패트리엇 미사일 방어체계와 4개의 근거리 방공 무기체계가 배치되어 있었다. 패트리엇이나 근거리 방공 무기체계는 높은 고도에서 공격해 오는 큰 비행체에 대응하는 성능을 보유하고 있다. 그래서 후티 반군이 사용한 소형 드론이 낮은 고도로 공격해 오자 여기에 대응하지 못한 것이다.

이 공격은 세계 경제에 큰 영향을 주었다. 사우디아라비아는 2곳의 정유시설 파괴로 매일 570만 배럴의 원유생산량이 감소하였는데 이는 1일 국제원유생산량의 5%에 해당하는 분량이다. 공격 다음 날 사우디아라비아 주식은 2.3% 하락했다. 국제유가는 Brent 원유 기준으로 20%가 상승했는데, 이는 1990년 이라크의 쿠웨이트 침공 이후 가장 높은 상승률이었다.

사우디아라비아의 중요한 국가 기반시설인 원유의 수출과 관련된 후티 반군의 드론 공격은 2019년에만 있었던 일이 아니다. 2021년 3월, 2022년 3월에도 후티 반군은 사우디아라비아의 원유 수출 관련 시설에 대한 드론과 미사일 공격을 계속했다.

### 후티 반군의 사우디아라비아 공항 드론 공격

후티 반군은 열세한 군사력으로 수니파 연합군을 이끄는 사우디아라비아에 대응하기 위해 사우디아라비아의 공항에도 드론 공격을 했다.

후티 반군의 사우디아라비아 공항에 대한 드론 공격은 2019년부터 시작되었다. 후티 반군은 2019년 5월과 6월에 사우디아라비아의 여러 공항을 목표로 드론 공격을 하였다. 2019년 6월 23일에는 사우디아라비아의 남부에 있는 알 아브하(Al Abha) 국제공항을 드론으로 공격했다. 알 아브하 국제공항은 사우디아라비아와 예멘 국경에서 200㎞ 정도 떨어져 있는 공항이다.

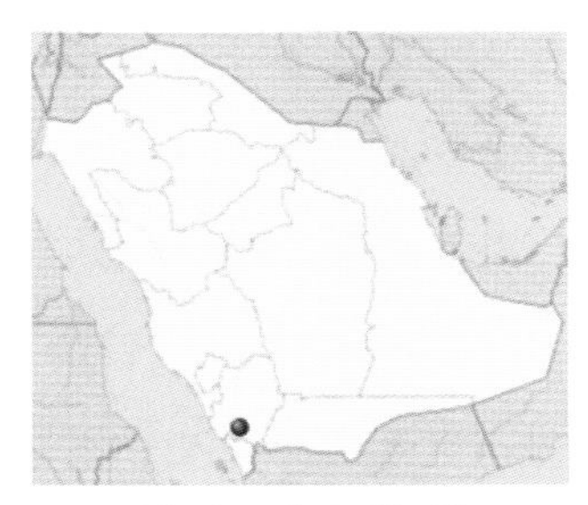

알 아브하 국제공항
(https://en.wikipedia.org/wiki/Abha_International_Airport_attacks)

2020년 6월에는 사우디아라비아의 수도에 있는 킹 칼리드(King Khalid) 공항도 드론으로 공격하였다. 2022년 2월에도 후티 반군은 사우디아라비아 남부의 지잔(Jizan) 공항에 대한 드론 공격을 하였다. 후티 반군은 자신들이 사우디아라비아 남부의 알 아브하 공항과 지잔 공항에 대한 드론 공격을 했다고 밝혔다.

후티 반군의 사우디아라비아 공항에 대한 드론 공격으로 주로 민간인 사상자가 발생했다. 공항의 기능을 회복하는 데 걸리는 시간도 짧지 않았다.

물리적인 재래식 군사력의 규모에서 후티 반군은 사우디아라비아에 비교가 되지 않는다. 그런데도 드론을 활용한 사우디아라비아의 국가 기반시설에 대한 타격은 사우디아라비아와 국제사회에 전략적인 충격을 주고 후티 반군에게는 전략적인 효과를 가져오고 있다.

### 예멘 군사시설과 핵심 기반시설 드론 공격

후티 반군은 군사작전의 목적을 달성하기 위해서 예멘 정부군이 장악하고 있는 지역에 있는 군사시설과 핵심 기반시설의 공격에도 드론을 사용하고 있다. 대표적인 사례가 공군기지에 대한 공격이다. 후티 반군은 2019년 1월 10일에 예멘 남부에 있는 알 아나드(Al Anad) 공군기지에 드론 공격을 하였다. 당시 공군기지에서는 고위 장교들이 군사 퍼레이드를 관람하고 있었다. 후티 반군의 드론 공격으로 다수의 군인이 사망했다. 후티 반군은 2021년 7월 29일에도 알 아나드 공군기지를 드론으로 공격했다. 미사일과 드론을 혼합한 공격으로 최소 30명이 숨지고 65명이 다쳤다고 예멘 정부군은 발표했다.

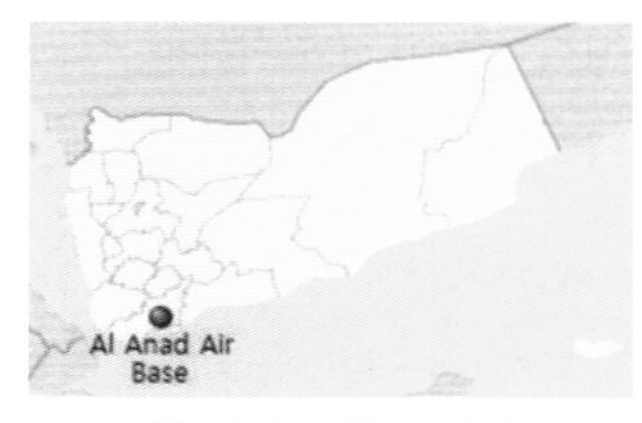

알 아나드 공군기지
(https://en.wikipedia.org/wiki/Al_Anad_Air_Base)

예멘 정부군보다 물리적인 군사력이 강한 사우디아라비아도 후티 반군이 사용하는 소형 드론 공격을 방어하는 데 어려움을 겪고 있다. 이를 고려할 때 예멘 정부군의 후티 반군의 드론 공격에 대한 대응수단이 충분하지 않음을 추측할 수 있다. 후티 반군은 가성비 높은 드론이라는 수단으로 상대의 이러한 약점에 대한 타격을 계속하고 있다.

후티 반군은 예멘 정부군이 장악하고 있는 지역에 있는 핵심 기반시설의 공격에도 드론을 사용하고 있다. 예멘 정부군의 원유 수출을 차단하기 위한 항구와 원유 수송함에 대한 드론 공격이 대표적이다.

2022년 11월 21일에 후티 반군은 드론을 이용하여 예멘 남부 하드라마우트(Hadramawt)주의 알-다바(Al-Dhaba)항에 있는 선박을 공격했다. 드론 공격 당시 이 선박은 원유 선적을 위해 항구로 진입하고 있었다.

알-다바항은 알 무칼라(Al Mukalla) 동쪽 43㎞ 지점에 있는 항구이다.

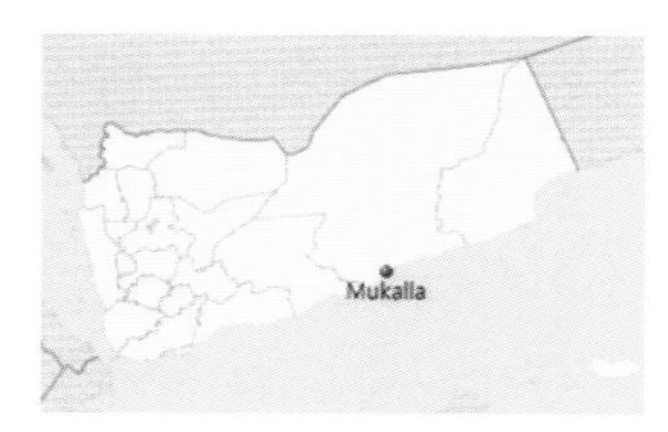

Mukalla 항구
(https://en.wikipedia.org/wiki/Mukallae)

후티 반군이 예멘 정부군의 원유 수출을 막기 위해서 시행한 드론 공격은 이번이 처음이 아니다. 2022년 10월에도 알-다바항을 떠나는 원유 수송선을 향해서 드론 공격을 했다. 2022년 11월 초에도 샤브와(Shabwa)주의 원유 수출항인 퀘나(Qena)항의 선박을 표적으로 드론 공격을 했었다.

이러한 예멘 항구에 대한 드론 공격 후에 후티 반군은 예멘 정부군의 원유 수출에 관련되는 선박의 항구 접근을 차단하기 위해 자신들이 드론 공격을 했다고 발표했다.

후티 반군은 예멘 정부군과 사우디아라비아에 대한 드론 공격은 물론 사우디아라비아와 함께 연합군을 형성하여 전쟁에 참여한 UAE에 대해서도 드론 공격을 하였다. 사우디아라비아도 후티 반군을 대상으로 드론 공격을 하였다.

언론 보도를 종합해 보면 후티 반군은 지금까지 수백 차례의 드론 공격으로 사우디아라비아, UAE, 예멘 정부군에게 크고 작은 타격을 줬다. 후티 반군의 드론 운용은 아제르바이잔처럼 국가 차원에서 조직적으로 드론이라는 새로운 수단을 갖추고 새로운 수단을 군사작전에 접목하기 위한 전술 교리까지 발전시키지는 않았다. 우크라이나군처럼 전장의 모든 기능에 대규모로 드론을 활용하여 드론 전면전 수준으로 운용하지도 않았다.

그렇다고 후티 반군의 드론 운용을 가볍게 보아 넘길 수는 없다. 비록 이란이 배후에서 후티 반군에게 드론이라는 새로운 수단을 제공하고 있지만, 사우디아라비아가 갖추고 있는 첨단 대공방어망이 드론에 의해 무용지물이 될 수 있음을 보여 주었다. 후티 반군이 사용한 드론의 가격은 대당 2천만 원(15,000달러) 미만이다. 여전히 엄청난 가성비를 보여 주었고, 미래의 전쟁에서 게임체인저가 될 수 있음을 지구촌에 보여 주었다. 예멘 내전 당사자들이 군사작전의 목표 달성을 위해서 수행한 드론 작전은 그래서 분석과 연구를 통해 교훈과 시사점을 도출할 수 있는 충분한 가치가 있다.

### 이라크의 드론 전투(이라크 vs IS)

이라크에서도 드론 전쟁이 진행되고 있다. 10여 년 전부터 이라크에서 드론의 사용이 급격하게 증가하고 있다. 이라크 정규군이 IS(Islamic State of Iraq and the Levant)와의 전투에서 드론을 사용하고 있다. IS를 대상으로 대테러 작전을 수행하는 미군이 이끄는 연합군도 테러 조직의 지도자 제거, 군사 거점 타격 등에 드론을 사용하고 있다.

이라크에서 활동하는 무장세력도 자신들의 목적 달성을 위한 테러 활동에 드론을 활발하게 사용하고 있다. 그 대표적인 사례가 중동의 이라크 북부와 시리아 동부를 중심으로 활동하고 있는 IS의 드론 활용이다. IS는 드론을 주로 2가지 목적으로 사용한다. 자신들이 설정한 공격 목표를 물리적으로 타격하는 데 드론을 사용한다. 심리전과 여론전에도 드론 타격 영상을 활용한다. IS의 드론이라는 새로운 수단의 활용에 대응하기 위해 이라크군은 물론 IS에 대응하는 연합군을 이끄는 미군도 필요한 조치를 해 왔다.

IS의 드론 사용은 2017년을 기점으로 변화되었다. 2017년 이전에는 주로 정찰 목적으로 드론을 사용했으나 2017년부터는 공격용 드론을 사용하기 시작했다. 2017년 이전에 IS는 박격포 사격을 위한 표적 획득이나 심리전에 사용할 영상의 획득 목적으로 시리아와 이라크 지역에서 정찰용 드론을 사용해 왔다.

IS의 드론 작전 변화는 이라크 북부에 있는 도시인 모술(Mosul)에서의 전투이다. 이때부터 IS는 드론을 상대의 표적에 대한 타격 목적으로도 사용하기 시작했다. IS는 2014년에 이라크의 제2의 도시인 북부 모술을 점령하였다. 모술에서 IS를 축출하기 위한 이라크군의 대규모 작전이 2016년부터 2017년까지 진행되었다. 이 작전은 미국과 영국도 지원하였다. 이 과정에서 IS와 이라크군의 드론 운용에 대해서 살펴보고자 한다.

2017년에 이라크 정부군이 모술 지역을 탈환하기 위해서 대규모 군사작전을 수행하자 IS는 기존의 다양한 저항방식에 추가하여 드론을 사용하였다. 2017년 한 해 동안에 IS는 이라크 북부와 시리아 지역에서 매월 평균 60~100회의 드론을 사용한 공격을 했다. 이라크 정부군의

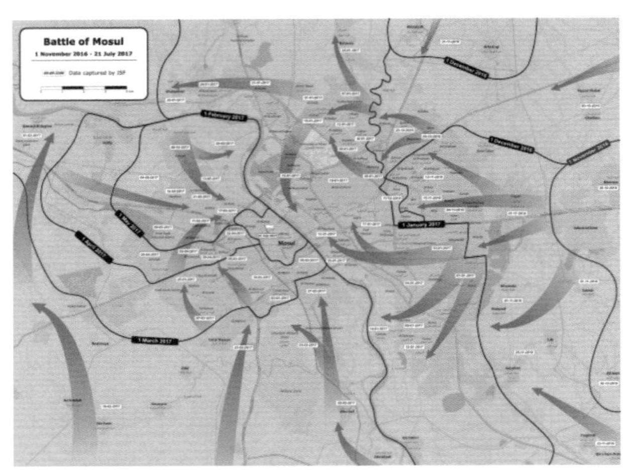


모술 전투 작전상황도
(https://en.wikipedia.org/wiki/Battle_of_Mosul_(2016%E2%80%932017))

움직임을 정찰하여 자폭 차량을 운용하고, 표적을 획득하여 타격하는 데 드론을 사용하였다.

IS는 초기에 대당 가격이 수십만 원(수백 달러)에 불과한 상용 드론을 주로 사용하였다. 중국제 상용 드론인 DJI Phantom을 개조한 소형 드론에 폭탄을 장착하여 공격용으로 사용하기 시작했다.

IS는 소형 드론에 이어 규모가 더 커진 드론과 고정익 드론까지 자체 제작하여 전투에 투입하였다. 자체 제작한 드론에 작은 크기의 폭탄이나 40㎜ 수류탄을 매달아서 떨어뜨리는 방법을 사용하여 이라크군 목표를 타격하였다. 이러한 공격용 드론은 하늘에서 운용하는 또 다른 형태의 급조폭발물이 된 셈이다. IS는 이러한 하늘에서의 급조폭발물

DJI Phantom 4Pro 드론
(https://en.wikipedia.org/wiki/Phantom_(unmanned_aerial_vehicle_series))

(IED, improvised explosive device)로 다수의 이라크군 차량을 파괴하고 인명 피해를 주었다. IS는 또한 드론으로 이라크군을 공격하는 영상을 공개하면서 심리전과 여론전을 펼쳤다.

IS는 2017년 1월에 '무인기 무자헤딘(Unmanned Aircraft of the Mujahideen)'이라는 드론 부대도 창설했다. 드론 부대를 중심으로 IS는 드론 제작과 운용 능력을 점점 고도화시켰다. 회전익 드론의 제작에 집중하면서 더 멀리 보내고 정찰과 함께 타격도 할 수 있는 성능을 갖추는 데 집중했다. IS는 이미 자체적으로 지상전투에서 사용하는 급조폭발물을 제작할 수 있는 기술력과 자원을 갖추고 있었다. 이러한 경험과 기술, 자원을 활용하여 이제는 지상뿐만 아니라 하늘에서 운용하는 소형 급조폭발물을 개발하고 전투 현장에서 사용하고 있다. 물론 이 과정에서 이란의 적극적인 지원이 있었다.

IS가 모술 공방전에서 사용한 드론
(IS의 영상(2017.3.10.)에서 캡처)

이라크군도 IS의 드론에 대응하면서 드론을 사용하기 시작했다. IS가 공격용 드론을 사용하기 시작할 때 이라크군이나 IS의 퇴치 작전에 참여하는 연합군의 작전을 주도하는 미군조차도 여기에 대한 대비가 충분히 되지 않은 상황이었다.

미국 국방부는 이라크에 주둔하고 있는 미군들에게 400m 이내의 거

Battelle's Drone Defender
(https://www.battelle.org/insights/case-studies/case-study-details/dronedefender-technology)

리에서 드론을 떨어뜨릴 수 있는 대드론 무기체계인 Battelle's Drone Defender를 포함한 대드론 무기체계를 지급하기 시작했다. 언론 보도를 보면, 2016년부터 2018년까지의 군사작전에서 미군은 수백 차례에 걸쳐 IS의 드론에 대응하였다.

이라크군도 자체적으로 드론을 군사작전에 운용하기 시작했다. 모술에서 IS를 격퇴하기 위한 작전에 드론을 사용하였다. 2017년 3월에 이라크군도 상업용 드론을 개조하여 IS를 타격하는 공격용 드론으로 사용하였다. 이라크군이 최초로 개조한 공격용 드론은 상업용 드론에 수류탄 6개를 장착하여 적진에 떨어뜨리는 수준이었다.

군사용으로 제작된 드론에 비해 효과나 성능은 낮지만, 실제로 IS가 예측하지 못한 수단과 방법이어서 비록 소형 드론이고 수십 차례에 불과한 공격이었지만 심리적으로 큰 효과가 있었다. 이라크군도 소형 드론으로 IS의 진지, 병력, 차량 등에 큰 피해를 주었다고 발표했다.

이라크군은 또한 미국의 MQ-9 Reaper와 유사한 규모와 성능을 갖춘 중형 공격 드론도 확보하여 전투 현장에 투입하였다. 중국에서 구매한 CH-4B 드론이다. 이라크는 중국으로부터 2015년 초에 CH-4B 드론을 구매하였다. 이 드론은 2017년의 IS와의 모술 전투에도 투입되었다.

이라크는 미국으로부터 중형 공격용 드론을 도입하려고 했다. 그러나 미국이 MQ-1과 MQ-9의 이라크 판매를 거부했다. 그래서 이라크는 중국으로부터 CH-4B(Rainbow)를 구매하였다. CH-4B의 구매와 함께 이라크는 드론 기술을 중국에서 들여왔다. 2015년 도입 당시에 중국군이 이라크에 와서 중형 공격용 드론의 운용 절차와 교리 등을 가르쳤다.

이라크는 CH-4B 드론을 4대 보유하고 있는 것으로 알려졌다. 중국 CASC(China Aerospace Science and Technology Corporation) 사가 제조한 이 드론은 미국의 MQ-9 리퍼와 외형과 성능이 매우 유사하다. 40시간 동안 운용이 가능하고, 이륙중량은 4,500kg이다. 운용 거리는 위성통신을 사용하면 1,000㎞이고 지상통제소만 운영하면 150㎞이다. 적외선(IR)과 광학(EO) 카메라, 레이저 표적지시기를 장착하고 있다. 대전차 미사일(AKD-10), 90㎜ 유도 로켓(BRMI-90), 무게 130kg급 글라이드 폭탄(FT-7/130), 50kg급 폭탄(FT-9/50), 25kg급 폭탄(FT-10/25), 50kg급 정밀유도폭탄(GB-7/50) 등의 무장이 가능하다.

이라크군은 2015년 10월부터 CH-4B를 실전에 사용하였다. IS의 탄약저장시설이나 포병 진지 등 고정표적을 타격하였고, 급조폭발물을 싣고 이동하는 차량의 파괴에도 사용하였다. 이라크군의 발표에 따르면 2018년 중반까지 CH-4B 드론은 260회 이상 타격하였다. 공격 드론으로 IS의 표적을 타격하기 위해 중국제 AR-1과 FT-9 탄약을 CH-4B에 사용하였다.

이라크 CH-4B 드론
(https://drones.rusi.org/countries/iraq/)

CH-4B는 그러나 미국의 MQ-9 리퍼와 같은 수준으로 효과적으로 사용되지는 못했다. 이라크군이 위성통신 체계를 갖추고 있지 않아서 지상통제소에서만 CH-4B의 통제가 가능했다. 위성통신을 사용하면 1,000㎞까지 운용할 수 있지만, 지상통제소에서 통제하면 150㎞까지만 운용할 수 있기 때문이다.

CH-4B는 또 함께 IS 퇴출작전을 수행하는 서구의 드론 시스템과 상호운용성이 확보되지 않아서 효과적인 사용이 제한되었다. CH-4B 드론이 중국산인 관계로 미국이 보안상 취약점에 대한 문제를 제기했다. 그러한 이유로 미군을 중심으로 한 IS 대응 연합군과의 정보공유가 안 되었다.

이라크에는 준군사조직인 인민동원군(PMF, Popular Mobilization Forces)이 있다. PMF는 정규군은 아니지만, 이라크에서 IS의 격퇴 작전을 포함한 다양한 군사작전에 투입된다. 다양한 부족과 집단으로 구성된 PMF는 공식적으로는 이라크 육군의 통제를 받게 되어 있다. 하지만 PMF의 일부 조직은 이라크 육군의 통제를 받지 않는 것으로 전해지고 있다.

준군사단체인 이라크의 PMF도 드론을 사용하고 있다. 2021년 6월 13일에 PMF는 바그다드에서 대규모 군사퍼레이드를 했다. 이 행사에서 PMF는 대대적으로 드론을 선보였다. 친이란 세력이 많이 활동하고 있는 PMF이기 때문에 이란의 지원을 받은 드론으로 추정하고 있다. 참고로 이란은 이미 1,500㎞ 떨어져 있는 표적도 타격할 수 있는 드론과 관련 기술을 보유하고 있다. 이러한 능력을 갖춘 이란이 PMF를 포함해서 이라크 내의 무장 조직에 드론 관련 기술이나 물자를 지원하고 있다. 준군사조직까지 광범위하게 드론을 갖추고 있으니, 이라크도 또 하나의 드론 전쟁터라고 할 수 있다.

이라크 PMF의 Mohajer-6 드론
(https://www.washingtoninstitute.org/policy-analysis/militias-parade-under-pmf-banner-part-1-drone-systems)

지금까지 살펴본, 이라크에서 진행되고 있는 드론 전투가 우리에게 주는 시사점은 다음의 4가지로 정리할 수 있다.

**첫째, 드론이 진화하고 있는 새로운 위협임을 이라크에서 진행되고 있는 드론 전투가 다시 한번 보여 주고 있다.** 상용 드론은 수십만 원(수백 달러) 가격으로 인터넷에서 쉽게 구매할 수 있다. 이렇게 구매한 소형 드론은 쉽게 군사용으로 개조가 가능하고, 군사용으로 개조된 소형 드론은 3차 산업혁명 시대의 창에 맞춰진 기존의 대공 방어체계를 회피

할 수 있다. 재래식 군사력이 강하지 않은 나라나 조직도 비교적 쉽게 상업용 드론과 관련된 기술을 획득하고 적용할 수 있다. 그래서 드론은 기존 군사작전의 틀을 근본적으로 바꾸는 게임체인저가 되고 있다.

**둘째, 이라크 드론 전투는, 드론이 재래식 군사력이 열세한 국가나 무장단체가 재래식 군사력이 강한 국가나 무장단체를 상대로 한 군사작전에서 순식간에 전장의 균형을 무너뜨릴 수 있는 수단임을 다시 한 번 보여 주고 있다.** 상업 시장에서 드론 관련 기술이나 부품, 완성품을 쉽게 구할 수 있다. 이에 따라 IS를 포함한 테러 집단의 드론 사용도 증가하고 있다. 누가 언제, 어떻게, 얼마나 많은 수의 드론을 군사작전에 투입하느냐가 전술적인 승리에 영향을 줄 수 있기 때문이다.

**셋째, IS가 드론을 '하늘의 급조폭발물'로 사용하듯이, 무장세력을 포함해서 군사작전에 드론을 접목하는 속도가 매우 빨라지고 있다는 사실이다.** IS와 같은 무장세력의 드론 사용 빈도가 빠르게 증가하고 있다. 무장세력이 사용하는 드론의 성능도 계속 향상되고 있다. 2021년 기준으로 IS의 세력은 크게 약화되어 현재 전사의 규모는 2,000~3,000명 수준으로 추정된다. 그러나 이러한 무장세력이 이미 10여 년 전부터 드론을 군사작전의 중요한 수단으로 사용하고 있다. 이들에게 공격용 드론은 하늘에서 운용하는 소형 급조폭발물이다. 이렇게 빠르게 진화하는 드론을 활용한 전술의 구사에 주목해야 한다.

**넷째, 상업용 드론도 전술적인 차원에서의 군사작전 목적을 충분히 달성할 수 있다는 사실을 보여 주고 있다.** 상용 드론을 개조한 공격용 드론의 정밀도는 군사용 드론보다 훨씬 떨어진다. 그러나 필요한 표적에 매우 효과적으로 사용될 수 있음을 이라크에서의 드론 전투는 증명하고 있다. 상대의 대형 군수품 창고, 군사 기지, 유류 저장시설, 탄약 저장시설 등의 표적에는 상업용 드론을 개조한 공격 드론이 충분히 효과를 낼 수 있다. 상업용 드론을 자폭 드론으로 개조하면 군사적으로 더 큰 성과를 낼 수 있음을 예멘과 이라크에서 실제로 확인할 수 있다.

### 중동 가자 지구(Gaza Strip)의 드론 전투(이스라엘 vs 하마스)

이스라엘 서남쪽 지중해 연안에 있는 가자 지구(Gaza Strip)는 이스라엘 지배하에 있는 팔레스타인 거주 지역의 하나이다.

이스라엘은 1965년 독립 이후 이웃 나라와의 전쟁 후에 많은 영토를 점령하여 지금까지도 실효적으로 지배하고 있다. 국제사회의 중재로 실효적으로 지배하고 있는 이스라엘의 영토 안에 팔레스타인인들이 거주하고 있다. 이스라엘은 이 지역에서 사는 팔레스타인 사람들의 외부 출입을 통제하고 있다. 테러 조직이나 무장세력의 소탕을 목적으로 이스라엘군은 팔레스타인 거주 지역에 들어가서 수시로 군사작전을 시행하고 있다. 가자 지구의 군사작전도 그 일환이다.

이스라엘은 2005년까지는 가자 지구에 자국의 군대를 주둔시켰다. 2005년 이스라엘군의 철수 후부터 가자 지구와 이스라엘에 국경이 형성되었다. 이스라엘 군대가 가자 지구를 떠나자 이곳을 거점으로 하는

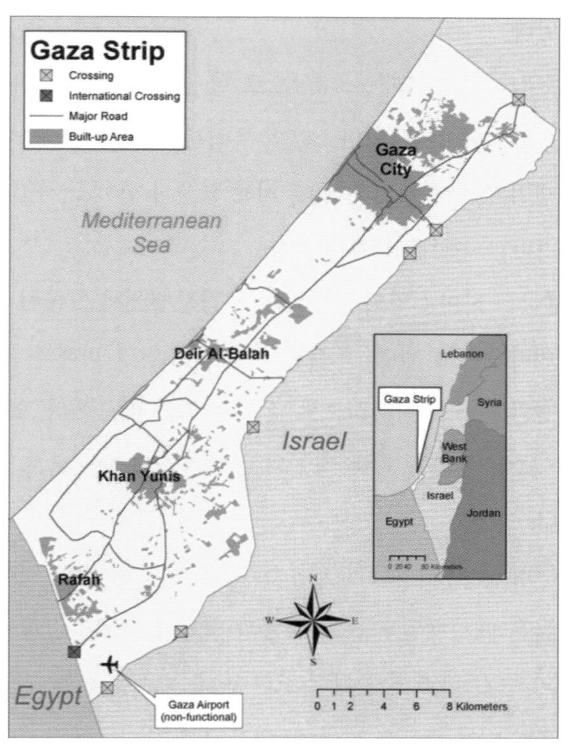


가자 지구 위치
(https://www.hrw.org/report(2009.6.30.))

팔레스타인 저항 세력인 하마스가 이스라엘을 대상으로 무력 도발을 지속하고 있다. 국경을 넘어와서 테러하거나 이스라엘군과 주요 시설에 대한 박격포와 로켓 공격이 하마스의 대표적인 무력 도발이다.

이스라엘군은 하마스의 무력 도발에 대응하기 위해서 국경 경비와 함께 필요할 경우 가자 지구로 군사력을 투사하여 하마스와의 전투를 수행하고 있다.

이스라엘군의 가자 지구를 대상으로 한 군사작전은 무력분쟁의 지속성이라는 특성이 있다. 하마스와의 무력분쟁이 거의 일상이 되었다. 이러한 분쟁의 연속성은 많은 인명 피해 발생과 함께 군사작전에 드는 비용의 증가라는 부담을 가져온다.

**이스라엘군은 하마스와의 끊임없는 무력분쟁에서 드론이 매우 효과적인 수단이라고 판단했다.** 드론을 사용하면 인명 피해를 줄일 수 있고 군사작전의 비용을 획기적으로 낮출 수 있기 때문이다. 2000년대에 들어와서 이스라엘군은 가자 지구의 군사작전에 대규모로 드론을 투입하고 있다.

가자 지구의 상공에는 24시간 이스라엘군의 드론이 떠 있다. 팔레스타인 주민들은 매일매일 드론의 소음과 함께 살고 있다. 시도 때도 없이 자신들의 주거 지역 상공에서 드론이 내는 소음을 듣고 있는데, 팔레스타인인들은 이 소음을 'znanan'이라고 한다. 벌 떼의 소리와 같다는 표현이다. 최근에는 하마스도 이스라엘군의 드론에 대응하기 위해 드론을 운용하기 시작했다. 가자 지구에서 벌어지고 있는 드론 전투는 비무장지대를 중심으로 무력으로 대치하고 있는 우리에게 많은 시사점을 준다.

이스라엘은 자칭, 타칭 최고의 군사 드론 관련 기술을 가진 나라이다. 이스라엘군의 드론 역사는 1968년으로 거슬러 올라간다. 1968년에 이스라엘 육군 정보부 소령 Shabtai Brill이 원격조종 비행체에 미니 카메라를 장착하여 이집트 국경을 비밀리에 정찰하는 데 사용했는데, 이것이 이스라엘군 드론 사용의 효시이다. 이미 레바논과 전쟁을 하던 1982년에 이스라엘군은 정찰 목적으로 드론을 사용하기 시작했다.

동서남북으로 군사적 위협과 대치하고 있는 이스라엘의 안보 상황과 이스라엘군의 창의력이 이스라엘을 드론 분야의 초강대국(superpower)으로 만들었다. 이스라엘군은 다양한 군사작전에 드론을 투입하고 있다. 가자 지구에서는 정확한 타격 지점을 정하기 위해 정보부대가 정찰 드론을 운용하고 있으며, 예루살렘 국경에서는 드론을 이용하여 최루탄으로 시위대를 진압하고 있다. 웨스트 뱅크(West Bank)의 검문소 지역에서는 특정 소음을 일으켜 시위대의 두통과 어지럼증을 유발하는 드론을 사용함으로써 시위대를 제압한다. 이스라엘군 수뇌부는 드론이 '병사가 없는 군대'를 자신들에게 제공하고 있다고 자랑삼아 얘기하고 있다.

이스라엘군은 이미 드론에 AI를 접목하여 더욱 정밀하고 빠르게 운용하는 단계에 있다. 이스라엘군의 발표에 따르면 2021년 5월에 가지 지구에서 11일 동안의 전투에서 드론을 운용하면서 AI를 접목하여 기존에 사람이 언제, 어떤 표적을 타격할지를 결정하는 과정을 사람이 아닌 AI가 대신했다.

이스라엘군은 2000년부터 팔레스타인을 대상으로 하는 군사작전에 드론을 사용하기 시작했다. 드론이 팔레스타인 점령 지역 통제를 더 경제적이고 효과적으로 수행할 수 있게 해 주고 있다. 이스라엘군은 하마스 무장세력과의 전투를 위해 가자 지구를 24시간 365일 감시한다. 여기에 드론을 사용하면 많은 이점이 있음을 이스라엘군은 간파했다. 드론은 유인 정찰 수단과 비교해서 조종사 인명 손실을 예방하게 해 준다. 유인 비행체보다 더 오랫동안 비행이 가능하고 심지어는 특정한 표적 상공에서는 선회비행도 가능하여 지속적인 감시정찰이 가능하게 해 준다.

그래서 드론을 이용한 가자 지구의 24시간 지속적인 감시정찰은 일반인과 무장세력의 움직임의 특성과 속성을 구분할 수 있게 해 주고 있다. 최근에는 드론에 장착되는 센서의 성능이 향상되어 옷의 색깔, 휴대품의 크기와 종류까지도 식별할 수 있다. 이러한 성능의 향상은 하마스 무장 전투원과 일반인의 구분을 더욱 정확하게 하여 무고한 일반인이 군사작전의 피해를 보지 않도록 해 주고 있다.

이스라엘군은 가지 자구에서의 감시정찰과 표적 타격을 위해 주로 Hermes, Heron, Skylark과 같은 드론을 사용하고 있다.

Hermes는 정찰과 타격이 모두 가능한 드론이다. 고도 약 5,500m 상

이스라엘 드론 Hermes 900
(https://elbitsystems.com/)

공에서 24시간 운용할 수 있다. 광학·적외선 카메라와 레이저 센서를 장착하여 차량 번호판까지 식별할 수 있다. 정밀타격을 위해 2발의 Spike 중거리 미사일을 장착하고 있다.

Heron도 정찰과 타격이 모두 가능한 드론이다. Heron은 고도 약 10㎞에서 45시간 비행할 수 있다. Hermes와 유사한 감시정찰 장비와 센서를 장착하고 있다. 정밀타격을 위해 Spike 미사일 4발을 장착한다.

이스라엘 드론 Heron
(www.iai.co.il)

Skylark은 이스라엘군이 가자 지구에서 사용하는 소형 정찰용 드론이다. Skylark은 손으로 투척해서 날리며, 전술적 감시와 정찰 임무를 수행한다. Skylark Ⅰ을 기준으로 성능과 제원을 보면, 길이는 2.2m이며 이륙 중량은 5.5kg이다. 4,900m의 고도에서 2시간 동안 비행이 가능하다. 속도는 시속 37~74㎞이며 작전반경은 5~10㎞이다.

이스라엘군 Skylark Ⅰ 드론
(Israel Defense Forces)

2007년 이후 이스라엘군은 가자 지구에서 4차례의 대규모 군사작전을 시행했다. 4차례의 군사작전에서 드론이 중요한 역할을 했다. 가지 지구에서 이스라엘군의 드론은 지속적인 감시정찰과 필요한 표적에 대한 정밀타격이라는 두 가지 핵심적인 기능을 수행했다. 다음 지도는 2008년에 이스라엘군이 대규모로 드론을 투입하여 타격했던 주요 표적의 위치이다.

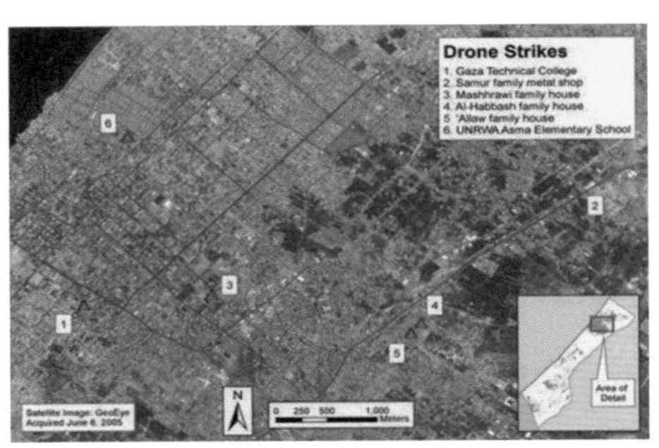


가자 지구 드론 공격
(https://www.hrw.org/report(2009.6.30.))

드론을 활용한 전투 수행은 먼저 Sky Rider 같은 드론을 운용하는 정보부대의 표적정보 획득에서 출발한다. 드론으로 획득된 가자 지구의 표적정보는 8200부대와 같은 정보분석 전담 부대에 보내진다. 이곳에서 분석된 최종 표적정보가 실제 공격 드론을 운용하는 타격부대로 전송된다. 표적정보를 받은 타격부대는 드론을 포함한 가용한 타격 수단으로 원하는 시간에 표적을 타격한다.

이스라엘군 Sky Rider 부대의 드론 교육 장면
(Israel Defense Forces)

이스라엘군은 드론으로 인명 피해 없이 적은 비용으로 24시간 가자 지구를 감시할 수 있었고, 도심 지역에서 필요한 표적을 빠르고 정확하게 타격할 수 있었다. 드론이 가자 지구 점령의 새로운 얼굴이 되면서, 가자 지구에서의 이스라엘군의 군사작전 수행 방식을 바꿔 놓았다.

2020년대에 이스라엘군의 가자 지구에서의 드론 사용은 또 한 번 큰 변화가 있었다. 바로 군집 드론의 사용이다. 2021년 하마스와의 전투에 이스라엘군의 군집 드론이 투입되었다. AI를 접목하여 수십 대의 드론이 마치 하나의 무기처럼 기능을 발휘했다.

이스라엘군 정찰용 군집 드론
(Israel Defense Forces)

가자 지구에서의 군집 드론은 Paratroopers Brigade에 소속된 비밀 조직에 의해 운용되었다. 이 부대가 사용한 군집 드론 전술은 이스라엘군의 연구실험을 담당하는 조직인 Ghost Unit에 의해 고안되고 적용되었다. 가지 지구에서만 이스라엘군은 군집 드론을 30회 이상 운용하였다. 가자 지구가 군집 드론을 활용한 새로운 작전의 시험대가 되었다.

2021년의 가자 지구에서 진행된 11일 동안의 전투가 군집 드론 사용의 대표적인 사례이다. 가자 지구 전투에서 이스라엘군이 주안을 둔 사안은 하마스와 Palestinian Islamic Jihad 테러 조직의 로켓과 박격포 사격에 대한 대응이었다. 11일 동안의 전투에서 4,000발 이상의 로켓과 박격포가 가자 지구에서 발사되었다. 11일 동안의 가자 지구 전투에서 이스라엘군 군집 드론은 하마스의 로켓 발사 지점을 찾고, 찾은 지점을 공격하였다.

하마스와 이슬람 성전 무장단체는 로켓이나 박격포를 군사 기지가 아닌 학교, 가정집 정원 등 일반 시민들의 근처에 숨긴 상태에서 발사했다. 그래서 그동안 이스라엘군이 적용한 작전 수행 방식으로는 이러한 발사체를 찾고, 민간인과 구분하여 타격하기 쉽지 않았다. 이스라엘군은 군집 드론에 인공지능(AI)을 접목한 분석 알고리즘으로 민간인 지역에 숨겨진 하마스의 발사체를 찾아냈다. 그래서 2021년 가자 지구 전투를 최초의 AI 전쟁이라고 부르기도 한다.

**가자 지구에서 이스라엘군의 드론 투입에 대응하여 하마스도 드론을 사용하기 시작했다.** 가자 지구에 이르는 해상과 육상 통로를 모두 이스라엘이 강하게 통제하고 있다. 이스라엘의 강력한 국경 통제의 예를 들어 보면, 2023년 8월 9일에 이스라엘 국방부는 이스라엘군이 가지 지구

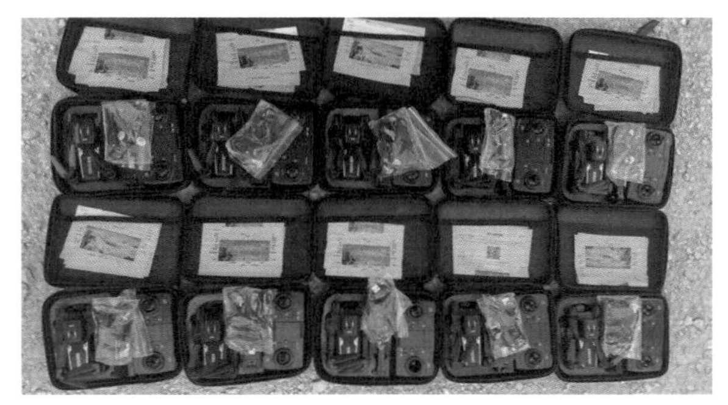

이스라엘군이 적발한 소형 드론
(이스라엘 국방부(2023.8.9.))

로 반입되는 10대의 소형 정찰 드론 세트를 적발했다고 발표했다.

이렇게 어려운 여건에서도 하마스는 드론을 사용하기 위한 노력을 지속하고 있다. 2022년 10월 11일에 이스라엘군은 하마스가 보낸 드론이 국경에서 발견되어 격추했다고 발표했다. 이날 격추된 하마스가 투입한 드론은 중국산 상업용 소형 드론을 개조한 모양이었다.

이스라엘군에 의해 국경에서 추락한 하마스의 드론
(Israel Defense Forces)

이스라엘군이 하마스 드론을 발견하여 격추한 날 이전에도 하마스는 가자 지구 내부에서 드론 운용을 위한 준비와 자체 비행을 많이 했다. 이스라엘군은 하마스의 이러한 드론의 시행 비행에 대해서는 대응하지 않았으나, 하마스의 드론이 가자 지구를 벗어나면 여기에 대응하고 있다. 2022년 초에도 이스라엘군은 가지 지구 상공을 비행하는 의심스러운 비행체를 격추한 사례가 있다. 2022년 이전에 하마스가 이미 드론을 자신들의 무장투쟁에 사용하기 위해 준비한 것이다.

하마스의 드론 사용은 아직 초보적인 단계로 보인다. 상업용 드론을 개조한 소형 드론을 만들고 운용하는 수준이다. 바다와 육지에서 가자 지구로 유입되는 물자를 이스라엘이 통제하는 상황에서 충분한 자원의 확보가 제한적이기 때문이다. 여기에 이스라엘군의 선제 대응도 영향이 있을 것이다. 하지만 상업용 드론 부품의 획득과 제조가 점점 쉬워지고 이란을 포함하여 무장세력을 직간접적으로 지원하는 국가나 조직에 의해 하마스가 지금보다는 훨씬 고도화된 드론 전투 수행 역량을 갖출 것으로 예상이 된다.

가자 지구에서 이스라엘과 하마스가 벌이고 있는 드론 전투가 우리에게 주는 시사점은 정리해 보면 대략 4가지이다.

**첫째, 이스라엘군은 일찍이 자국의 작전환경에 드론이 주는 이점이 큼을 간파하여 군사작전에 접목하는 지혜를 발휘했다는 사실에 주목해야 한다.** 이스라엘은 동서남북으로 생존의 위협을 받는 독특한 안보환경에서 살고 있다. 나라가 독립하는 날부터 주변국과 생존을 위한 전쟁을 했으며, 그 전쟁은 아직도 계속되고 있다. 비록 동맹이나 우방국의 도움이 있을지라도 적대적인 세력이 4면에서 위협이 되고 있는데 이스라엘의 국토, 인구를 포함한 국력에는 한계가 있다. 드론이 군사작전에 활용되면 적은 비용으로 큰 효과를 낼 수 있어서, 자국의 약점을 극복하고 생존을 확보할 수 있는 최적의 수단 중의 하나임을 이스라엘군은 아주 빨리 발견하였다.

이스라엘군은 생존에 대해 절실함을 갖고 드론의 군사작전에 활용을 위한 준비에 집중하였다. 이러한 선택과 집중은 이스라엘군을 드론의 군사 분야 접목의 글로벌 선두주자가 되게 만들었다. 지금도 가자 지구에서는 드론으로 24시간 365일 작전을 수행한다. 재래식 군사작전 수단으로 4차례의 중동전쟁에 승리한 이스라엘군이 왜 드론을 택했을까? 북한의 직접적인 위협은 물론 주변국과의 잠재적인 위협에서 국가의 생존을 확보해야 하는 우리 군의 선택에 대한 답을 이스라엘군이 가자 지구에서 보여 주고 있다.

**둘째, 이스라엘군이 드론을 군사작전에 접목하는 속도에 주목해야 한다.** 이스라엘군은 1980년대에 이미 드론을 군사작전에 사용하는 데 필요한 기술과 전술을 개발하기 시작했다. 이후 지속적인 기술개발과 실전 투입으로 이스라엘군은 군사용 드론 분야에서는 초강대국 위치를 차지하고 있다. 초기에 국경 정찰 목적으로 개발되고 투입되었던 드론은 이제 AI를 접목한 군집 드론으로까지 발전했다. 군집 드론이 이미 실전에 투입되어 사용되고 있다.

이스라엘군의 드론 관련 기술과 전술의 개발과 실전 적용은, 군사작전 성공을 위한 절실함이 드론이라는 수단의 개발과 적용에 얼마나 빨리 연결되는지를 잘 보여 준다. 이스라엘군은 군사작전에 필요한 수단을 개발하는 업체에 현역 군인을 파견한다. 업체에 파견된 군인은 실제 전투에서 필요한 기능이 무엇인지, 만약 관련 장비를 사용해 보았다면 장점과 제한사항이 무엇인지를 새로운 수단이 개발되는 과정에서 계속 조언하는 역할을 한다. 이러한 과정을 통해서 군이 전투 현장에서 필요로 하는 수단이 신속하게 개발되고 투입이 된다.

새롭게 개발되어 투입되는 장비는 군이 요구하는 성능을 100% 충족될 때까지 기다리지 않는다. 당장 가자 지구, 웨스트 뱅크, 레바논과의 국경, 예루살렘의 국경에서 군사작전에 필요하기 때문이다. 그래서 요구되는 성능의 60%만 충족되어도 실전에 투입이 된다. 군이 새롭게 투입된 장비를 사용하면서 필요한 성능을 식별해 내고, 업체는 계속 해당 장비의 성능을 향상한다. 이러한 개념을 '진화적 ROC(작전운용성능, Requirement of Operational Capability)의 적용'이라고 한다.

이스라엘군의 가자 지구 드론 전쟁은 새로운 기술이 개발되고 전투 현장에 접목되는 데 걸리는 시간이 얼마나 빠른지를 보여 준다. 북한은 드론을 새로운 비대칭 수단으로 판단하고 있다. 그래서 군사용 드론의 개발과 실전 적용이 빠르게 진행되고 있다. 2017년에 이미 드론으로 경북 성주에 있는 사드 기지를 촬영했다. 우리 군의 드론 활용의 속도는 그렇게 빨라 보이지 않는다. 우리는 절실하지 않은가? 새로운 창과 방패의 개발과 적용은 항상 속도가 관건이다. 속도가 느리면 싸워서 이길 수 없다.

**셋째, 군사용 드론이 초기 활용 단계를 지나서 이미 AI를 접목한 군집 드론으로 진화되었음을 이스라엘군은 가자 지구에서 보여 주고 있다.** 수십 대의 드론을 한 가지의 군사적인 목적에 사용하면 효과는 기하급수적으로 증가한다. 이스라엘군이 2021년부터 가자 지구에서의 군사작전에서 사용하고 있는 군집 드론의 효과에 주목해야 한다.

AI를 접목한 군집 드론의 운용은 가자 지구라는 특수한 작전환경을 효과적으로 극복할 수 있음을 보여 주고 있다. 가자 지구에서 무장투쟁을 하는 하마스는 도심지의 인구 밀집 지역을 이용하여 도발한다. 학교시설, 일반 가옥, 도심지 지하 시설, 다중 이용시설 등에서 로켓이나 박격포 발사체를 운용한다. 일반인과 무장세력이 혼재된 작전환경이다. 정확하게 무장세력을 식별하고 정밀하게 타격하지 않으면 민간인 피해가 발생하여 더 큰 문제를 초래할 수 있는 상황이다.

군집 드론으로 AI의 접목에 필요한 충분한 자료를 수집한 후 분석 알고리즘을 사용하여 군사작전의 표적을 정하고 타격할 정확한 위치를 정한다. 군집 드론의 군사적 활용에는 인공지능 관련 기술의 수준이 관건이다. AI 기술은 그동안 강대국의 영역으로 여겨졌다. 그러나 이제는 더는 강대국만을 위한 기술이 아니다. 이스라엘군의 가자 지구에서의 드론 전쟁은 우리 군의 군사용 드론 개발과 적용에 필요한 정책의 지향 방향을 보여 주고 있다.

**넷째, 드론이 전장에서 물리적인 효과뿐만 아니라 심리적인 공포와 두려움으로 전투 의지를 떨어뜨리는 비물리적인 영역에서도 효과가 있음을 가자 지구의 드론 전쟁이 보여 주고 있다.**

가자 지구에서 거주하고 있는 팔레스타인 사람들은 매일 가자 지구 상공에 떠서 움직이는 드론이 내는 소음을 듣고 산다. 24시간 자신들의 머리 위에 떠 있는 드론이 주는 소리에 대해 엄청난 스트레스를 호소하고 있다. 많은 국제 인권단체와 친팔레스타인 단체나 기구들이 이 문제를 국제사회에 제기하고 있다.

가자 지구에서 이스라엘을 대상으로 무장투쟁을 하는 하마스도 비슷한 상황이다. 24시간 자신들의 머리 위에 떠 있는 이스라엘군의 드론은 하마스의 행동 위축을 가져오고, 때로는 공포를 느끼면서 심리적인 저항 의지의 약화로 이어지고 있다.

드론이 24시간 상공에서 운용되면서 발생하는 소음은 사람들에게 자기 삶이 감시당하고 있다고 생각하게 한다. 물론 가자 지구는 이스라엘군이 아무런 제재 없이 자유롭게 드론이라는 비행체를 운용할 수 있다는 상황적인 특수성이 있다. 그럼에도 불구하고, 다른 작전환경에서도 비물리적인 영역에서 상대를 무력화시키는 수단으로 활용할 수 있다는 가능성을 보여 주고 있다. 공포와 위협을 유발할 수 있다면, 전투 의지의 약화라는 심리적인 효과를 충분히 낼 수 있기 때문이다.

현대전의 특징 중 하나는 전쟁의 영역이 비물리적인 영역으로까지 확장되었다는 사실이다. 그래서 군사작전의 대상이 되는 상대에게 물리적인 피해를 주는 수단과 방법도 중요하지만, 이제는 비물리적인 피해를 주는 수단과 방법도 중요하다. 미래전에서는 심리적인 영역에서 상대를 무력화시키는 작전과 수단의 중요성이 더 커질 것이다. 이 분야도 이스라엘군의 가자 지구 드론 전쟁이 주는 함의의 하나이다.

# 특수부대와 드론

드론이 적진의 깊숙한 곳에서 특수부대 요원들과 경쟁할 수 있는 시대가 되었다. 특수부대 요원은 적진의 깊숙한 곳에서 임무를 수행한다. 그곳에서 적정을 감시하고, 표적을 찾고, 화력을 유도하고, 요인 납치와 암살 등의 게릴라 임무도 수행한다.

미 공군 특전사
(www.af.mil)

특수부대는 전장의 6대 기능인 정보, 기동, 화력, 지휘통제 통신, 방호, 전투근무지원 기능을 적 지역에서 수행하기 때문에 많은 제한사항이 있다. 수적으로 불리하므로 은밀성을 유지해야 한다. 휴대하는 장비와 물자도 많이 제한된다. 많은 장비와 물자를 휴대하고 적진에 침투하면 발각되어 전멸할 수도 있기 때문이다.

우크라이나군 특수부대
(https://en.wikipedia.org/wiki/Special_Operations_Forces_(Ukraine))

이러한 특수부대의 적진에서의 전장 6대 기능은 대부분 인력에 의존하거나 3차 산업혁명의 기술이나 장비를 활용하였다. 예를 들어, 적진에서 첩보를 획득하거나 화력을 유도하기 위해서 광학장비, 열상장비, 레이저 유도장비 등을 직접 휴대해서 적진에 침투해야 한다. 식량이나 배터리, 탄약의 재보급은 낙하산을 이용해서 사전에 약속한 지역에 떨어뜨린다. 사람과 3차 산업혁명 기술을 활용했다.

**드론을 활용하면 이러한 특수부대의 적진에서의 전장 6대 기능의 판이 달라진다.** 전장 6대 기능 중에서 정보 기능의 예를 들어 보자. 적진에서 적에 관한 첩보를 획득하기 위해서 지금까지는 육안이나 광학장비, 열상장비를 이용했다. 이러한 수단들은 2차원(평면)적인 장비이다. 높은 산이나 수목이 우거진 지역이 있으면 활용할 수 없다. 여기에 드론을 운용하면 작전의 영역이 3차원(입체)으로 확대된다. 공중공간을 이용하기 때문이다. 첩보 획득의 반경도 획기적으로 넓어진다.

납치된 CIA요원 구출작전에 투입된 최정예 특수부대 네이비 실의 영웅적인 작전을 소재로 한 영화 'ACT of VALOR'를 보면, 적진에 있는 특수작전팀의 퇴출을 지원하기 위해 소형 정찰 드론을 운용하는 장면이 나온다. 정보 기능을 드론이 수행하는 예이다.

화력도 드론을 운용하면 상황이 달라진다. 3차 산업혁명 시대의 장비와 물자를 이용해서 적진에서 특정 표적을 타격하려면 표적의 근거리까지 접근해야 한다. 접근에 성공해도 타격 후 신속한 이탈이 제한되면 적에게 발각되어 공격을 당할 가능성이 커진다. 드론을 활용하면 어떤가? 타격하려는 표적에 근접하여 접근할 필요가 없다. 원격으로 조정하면 된다. 타격 후에도 적은 아군부대를 찾을 수 없다. 원격으로 타격되기 때문이다.

**특수부대의 전장 6대 기능 수행에 드론의 접목이 일상화되고 있다.**

드론은 특수부대가 수행하는 전장 6대 기능을 모두 이행할 수 있다. 그래서 세계 여러 나라의 특수부대들은 다양한 용도로 이미 드론을 사용하고 있다.

## 미국의 특수부대

미국은 IS 지도자 알바그다디(Abu Bakr al-Baghdadi)를 제거하기 위해서 현상금 290억 원(2,500만 달러)를 내걸었다. 이런 알바그다디를 제거하는 작전에도 드론이 사용되었다. 2019년 10월 26일 시리아의 이

들리브(Idlib)에 있는 그의 은신처를 파악한 미국의 특수부대는 무인기로 은신처를 확인한 후 특수부대를 투입하여 알바그다디를 제거했다.

**백악관에서 알바그다디 제거 작전상황을 지켜보고 있는 트럼프 대통령**
(https://en.wikipedia.org/wiki/Death_of_Abu_Bakr_al-Baghdadi)

미국의 특수부대는 RQ-7 Shadow, MQ-1C Grey Eagle, Black Hornet 등의 드론을 사용하고 있다. 이라크와 아프가니스탄에서 군사작전을 수행할 때 많이 사용되었다.

RQ-7 Shadow는 주로 특수부대가 정찰 임무를 수행할 때 사용하는 드론이다. 가솔린 엔진이며 50㎞의 작전반경을 갖는다. 비행은 4시간 연속비행이 가능하다.

RQ-7 Shadow
(https://en.wikipedia.org/wiki/AAI_RQ-7_Shadow)

MQ-1C Gray Eagle은 중고도에서

운용되며, 작전반경은 약 300㎞(186마일)이다. 적진의 정찰은 물론 헬파이어 미사일과 레이저유도 미사일로 정밀타격이 가능하다.

MQ-1C Gray Eagle
(https://en.wikipedia.org/wiki/General_Atomics_MQ-1C_Gray_Eagle)

미국 특수부대는 블랙호넷(Black Hornet)이라고 불리는 극소형 드론도 운용하고 있다. 드론의 크기는 16㎝×2.5㎝이며 무게는 18g이다. 참새와 비슷한 크기이다. 3대의 카메라를 장착하고 있으며, 20분 동안 운용이 가능하다. 특수부대 요원이 주머니에 휴대하여 침투로를 정찰하거나 적진에서 정보의 획득하는 데 사용되고 있다.

미국 특수부대는 고성능 드론인 Ghost 60도 사용하고 있다. 날개 길이 76㎝로, 군용 배낭에 휴대한다, 무게가 2.5㎏밖에 안 되는 초경량 드

블랙 호넷
(https://en.wikipedia.org/wiki/Black_Hornet_Nano)

론이며, 운용시간은 56분이다. 10배 광학 줌 HD 카메라를 탑재하고 있으며, 5㎞ 네트워크 통신이 가능하다. 정보·감시·정찰 기능을 내재하고 있으며, 1kg 정도 무게의 물건을 적재할 수 있다.

Ghost 60 드론
(uav-solutions.com 홈페이지)

드론 기술의 발전과 연계하여 미국 특수부대는 HALE(High-altitude, long-endurance, 고고도 정찰 드론, 18,000m 고도에서 32시간 이상 정찰), MUM-A(Multi-Mission Unmanned Aerial Vehicle, 다기능 정찰 드론), UCAV(Unmanned Combat Aerial Vehicle, 고기능 정밀타격 드론) 등의 첨단화된 드론도 개발하여 전투 현장 투입을 준비하고 있다.

### 우크라이나의 특수부대

우크라이나 특수부대의 작전에서도 드론은 중요한 역할을 하고 있다. 우크라이나 특수부대는 드론으로 적정을 감시하고, 표적을 획득한다. 제한된 범위에서 표적에 대해 타격도 한다. 전쟁 초기에는 상업용 정찰 드론을 사용했으며, 이후 무게 1.5kg의 대전차 지뢰를 장착할 수 있는 드론을 자체적으로 개발하여 사용하고 있다.

우크라이나군에서 드론을 운용하는 대표적인 특수부대는 아에로로즈비드카(Aerorozvidka)이다. 특수부대원들과 함께 IT 전문가들이 자원입대하여 구성된 부대이다.

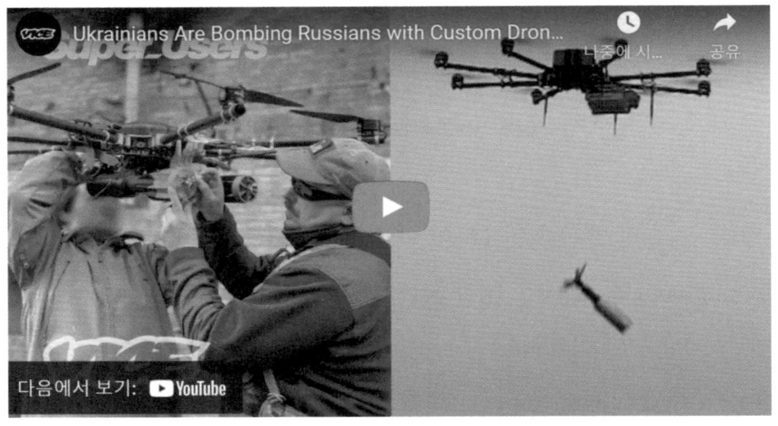


아에로로즈비드카 활약 소개 동영상
(https://focus.ua/uk/digital/519433-nashi-drony-ne-mazhut-specy-iz-aerorazvedki-rasskazali-kak-unichtozhayut-vs-rf-video)

아에로로즈비드카 특수부대는 전쟁이 시작된 2022년 2월에 우크라이나 수도 키이우까지 진격한 러시아군 전차 행렬을 막는 데 핵심적인 역할을 했다.

드론으로 무장한 아에로로즈비드카 특수부대 요원 30명이 64㎞에 이르는 러시아군의 기갑부대 행렬을 멈추게 했다. 이들은 특수부대원과 드론 조종사로 팀을 구성하였다. 사륜 오토바이로 러시아군이 진격하는 도로에 접근하여 무장 드론으로 선두 차량 2~3대를 파괴하였다. 선두 차량이 파괴되어 전체 이동 행렬이 정지되었다. 이후 정지된 러시아군 차량을 차례대로 파괴하였다. 러시아군 차량 행렬은 연료도 탄약도 없이 도로에 갇혔으며, 그 길이는 무려 64㎞였다.

도로에 정지해 있는 러시아군 차량 행렬
(https://en.wikipedia.org/wiki/Russian_Kyiv_convoy#cite_note-1)

아에로로즈비드카 특수부대가 주로 사용했던 드론은 자체 제작한 드론인 R18이다.

R18 드론의 무게는 5kg이며 작전반경은 8㎞이다. 비행시간은 40분이다. 1.5kg 정도 무게의 폭탄을 투하하는 드론이며, 열화상 카메라를 장착하고 있다. 표적 상공 100~300m에서 체공하면서 대전차 수류탄인

R18 드론
(https://en.wikipedia.org/wiki/R18_(drone))

RKG-3나 RKG-1600을 투하한다.

2022년 8월부터 우크라이나군 특수부대는 블랙 호넷(Black Hornet) 초소형 정찰 헬리콥터 드론을 사용하고 있다. 이 모델은 앞에서 설명한 대로 미군은 물론 프랑스군을 포함한 많은 나토군에서 사용하고 있다. 도시 지역이나 숲과 같은 빽빽한 공간에서 적을 탐지하기 위해 은밀하게 움직이는, 아주 작은 헬리콥터 형태의 초소형 정찰 드론이다.

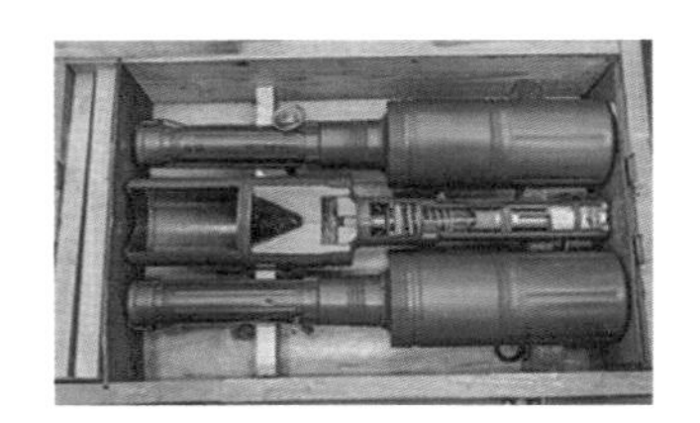

RKG-3 대전차 수류탄
(https://en.wikipedia.org/wiki/RKG-3_anti-tank_grenade)

우크라이나 특수부대 '오메가(Omega Group)'도 FPV(First-person

view) 자폭 드론으로 러시아군을 타격하고 있다. 이 드론은 오메가 부대가 자체 제작한 자폭 드론으로 러시아 장갑차를 공격하는 데 사용하고 있다. 일인칭(FPV) 고글을 착용한 오메가 대원이 조종하는 레이싱 드론이다.

우크라이나 특수부대 Omega Group 부대원 모습(https://en.wikipedia.org/wiki/Omega_group)

드론에 폭발물을 장착하여 목표물에 맞으면 폭발하게 만든 '수제 자폭 드론'이다. 레이싱 드론의 몸체 위에 폭발물이 든 원통을 플라스틱 끈으로 고정한 단순한 구조이다. 폭발물 앞에는 구리 선을 이용해 만든 더듬이 모양의 신관이 있다. 레이싱 드론은 일반 드론보다 훨씬 저렴하다. 한 대의 가격이 60만 원(400달러) 미만이다. 하지만 시속 180~200㎞의 빠른 속도로 표적에 돌진할 수 있어서, 적에게 탐지되지 않고 신속하게 표적을 타격할 수 있는 장점이 있다.

## 우리나라의 특수부대

언론 보도를 보면, 우리나라 특수부대도 이미 드론을 도입하기 시작했다.

특수전사령부의 특수임무여단이 이스라엘에서 제작된 자폭 드

한국 특전사 드론 교육(『국방일보』)

론을 도입하여 2023년 1월부터 실전에 운용하고 있다.

로템(Rotem)-L 드론
(이스라엘 IAI 홈페이지)

특전사에 도입되는 자폭 드론은 '로템(Rotem)-L'이다. 로템-L은 프로펠러가 4개 달린 쿼드콥터 형태로 작고 가벼워 특전부대 요원이 배낭에 담아 메고 다니다 어디서든 단시간에 조립해 사용할 수 있다. 중량은 5.8kg이며 작전 거리는 10㎞, 비행시간은 최대 45분이다. 수류탄 2발 정도의 무게인 탄두는 1.2kg이며, 주로 요인이나 테러리스트 암살에 사용된다.

자폭 드론 제조사인 이스라엘 IAI가 최근 공개한 영상을 보면, 로템-L은 작은 창문을 통과해 표적을 파괴할 수 있다. 고속 주행 중인 차량 운전석에 정확히 충돌해 운전자를 암살할 수 있다. 목표물 1m 내의 정밀 타격이 가능하다.

언론 보도(MBC)를 보면, 초소형 정찰 드론인 블랙 호넷(Black hornet)도 한국의 특전사에 도입이 되었다. 특전사에 2020년부터 100여 대를 도입해 대테러 작전, 적 탐지, 수색 작전 등에 사용하고 있다.

적진 깊숙한 곳에서 특별한 임무를 수행하는 특수부대에 드론을 접목하면 작전의 패러다임이 바뀐다. 심지어 드론만으로도 적지 종심에서 전장 6대 기능 수행도 가능하다.

적진에서 임무를 수행하는 특수부대가 드론과의 경쟁에서 이기고, 현대전과 미래전에서 승리하기 위한 정책제언을 하고자 한다.

**첫째, 군은 특수부대의 적지종심작전을 수행하는 패러다임을 완전히 전환해야 한다.** 특전요원이라는 사람 위주의 작전을 드론을 활용한 유무인 복합작전으로 신속하게 전환해야 한다.

미군의 경우 특수부대를 '미래전사'로 탈바꿈하는 시도를 하고 있다. 인력 중심의 특수부대를 AI와 드론을 활용하는 부대로 바꾸려고 시도하고 있다. 이를 위해 해커도 대거 영입하고 다양한 문화와 언어적 배경을 가진 인력의 충원도 확대하고 있다.

건장한 체격과 월등한 체력을 가진 마초형 특수부대원 중심의 부대를 인공지능, 드론 등 소프트웨어를 효과적으로 활용하여 작전을 수행하는 첨단 지능형 부대로 변화시켜야 한다.

**둘째, 군은 특수부대 요원의 드론전사화를 촉진해야 한다.** 우리 군에서 적진에 침투하여 특수작전을 수행하는 부대인 특수전 부대, 특공부대, 수색부대 등은 이제 드론과 경쟁할 수밖에 없다. 기존에 사람과 3차 산업혁명 기술을 접목한 장비와 기술로는 드론의 기능을 따라잡을 수 없다. 가성비와 효율성 측면에서 비교가 되지 않기 때문이다. 특수부대 요원은 3차 산업혁명 기술을 바탕으로 하되, 드론을 포함한 4차 산업혁명 기술을 가장 잘 활용하는 전사가 되어야 한다.

**셋째, 특수부대원들에게 드론을 활용한 전장 6대 기능 교육도 확대해야 한다.** 특수부대인 수색, 특공, 특전부대 요원이 이제는 4차 산업혁명 기술의 전문가로 양성되어야 한다. 이를 위해서 훈련 과정, 훈련 시설, 훈련 장비를 갖춰야 한다. 드론을 활용한 표적처리 절차, 드론을 활용한 기능별 전투 수행 등 실제 작전에서 드론을 운용하는 교리나 절차를 구체화해야 한다.

**넷째, 국방부와 방사청은 관련 법규와 예산 항목을 조정하여 특수부대의 드론 획득의 속도를 보장해야 한다.** 신속시범획득제도를 적용하고 진화적 ROC를 접목하여 특수부대에서 전장 6대 기능 수행이 가능한 드론을 신속하게 획득해야 주어야 한다. 이 과정에는 국민의 지원이 필요하다. 입법부와 협업하여 법규를 개정해야 하고, 중앙정부의 예산 당국과 협업하여 관련 예산을 확보해야 하기 때문이다.

위험을 감수하고 적진 깊은 곳에서 임무를 수행해야 하는 특수부대에게 드론의 활용은 특별히 매우 중요하다. 사람이 직접 수행하면서 감수해야 하는 인명의 손실을 줄일 수 있기 때문이다.

드론 관련 기술이 발전할수록 특수부대의 드론 활용은 기하급수적으로 늘어날 것이다. 우리 군이 first mover가 되는 기회를 이미 잃었을지도 모른다. fast follower라도 되어야 국가의 생존을 확보하는 역할을 할 수 있다고 생각한다.

# 북한의 군사 분야 드론 활용 전략

북한군은 드론을 4차 산업혁명 시대의 창으로 다듬고 있다! 북한군의 드론 활용 전략을 알아보자. 다음의 4가지 질문에 대해서 생각하는 시간을 가져 보고자 한다.

## 질문 1: 왜 북한은 드론에 집중할까?

북한의 열악한 경제 환경을 고려할 때 남한의 고가의 첨단무기체계와 견주려면 높은 가성비의 무기체계가 필요하다. 아래의 4가지 이유로 드론이 여기에 대한 답을 주고 있기 때문이다.

**첫째, 첨단무기 대비 가격이 매우 저렴하다.** 러시아와의 전쟁에서 우크라이나군은 수천 대의 취미용 드론을 잘 활용하여 군사적 목적을 달성하고 있다. 2014년에 발견된 북한 소형 드론의 제작 비용은 당시에 약 300만 원대로 추정이 되었다. 요즘 많이 사용되는 취미용 드론은

130만 원(1,000달러) 내외이고 군사용 자폭 드론의 가격은 한 대당 1,500만 원 내외이다. 최첨단 전투기 1대의 가격이 2,000억 원 내외이다. 산술적으로 계산해 보면, 최첨단 전투기 1대 가격이면 소형 자폭 드론 13,000여 대를 구매할 수 있다. 경제력이 약한 북한은 어떤 것을 선택하겠는가?

2014년 삼척에서 발견된 북한 드론
(https://www.38north.org/2014/07/jbermudez070114/)

**둘째, 최첨단 기술이 아니어도 높은 효과를 낼 수 있다.** 2014년과 2017년에 추락하여 발견된 북한의 소형 드론의 수준은 그렇게 높지는 않다.

우크라이나군의 취미용 드론 사용
(www.dronewatch.eu)

일부에서는, 드론이나 무선비행기 조종 동호회에서 필요한 부품을 구매해서 제작 가능한 수준이라고 한다. 그런데 그렇게 낮은 수준의 드론이지만 우리 군에 탐지되지 않고 서울까지 왔다가 갔다. 연료 부족만 아니었으면, 당시 북한의 드론은 이상 없이 북한으로 복귀했을 것이며, 한국군은 아무도 몰랐을 것이다. 북한은 이러한 드론의 매력을 이미 알아 버렸다.

**셋째, 낱개로 하면 큰 위력이 아니지만, 여러 개를 운영하면 큰 위력을 발휘한다.** 소형 드론 1대의 성능은 미미할 수 있다. 2014년이나 2017년에 북한이 남한에 보냈다가 연료 부족으로 추락한 드론이 발견되었다. 당시 군은 추락한 북한의 드론에 대해 평가하면서 겨우 4kg 내외의 이륙중량이라고, 조잡한 수준이라고 평가했다. 2014년에 추락한 드론의 경우, 내장된 카메라로 200장 내외의 사진을 찍은 정도였으니

군집 드론의 개념도
(미 육군)

그렇게 평가할 만하다. 그런데 이런 드론이 100대 또는 1,000대 동시에 특정 목적을 위해서 투입되어도 그런 얘기를 할 수 있는가? 북한은 이러한 역량을 알고 있을 것이다.

**넷째, 예멘 전쟁과 우크라이나 전쟁이 실전에서 드론의 효과를 입증해 주고 있다.** 2017년에 후티 반군의 공격용 드론이 사우디아라비아 정유시설을 공격했다. 이 공격으로 사우디아라비아의 정유시설 5%가 마비되어 국제유가가 급등하였다. 우크라이나 전쟁은 최초의 '드론 전면전'이라고 불릴 정도로 전쟁의 모습을 재정의하고 있다. 끊임없이 학습하는 북한에게 외국의 군대가 실전에서 드론의 효과를 입증해 주고 있다. 북한은 자체적으로 2014년, 2017년, 2022년에 한반도에서 남한을 상대로 이미 드론의 효과를 입증하였다.

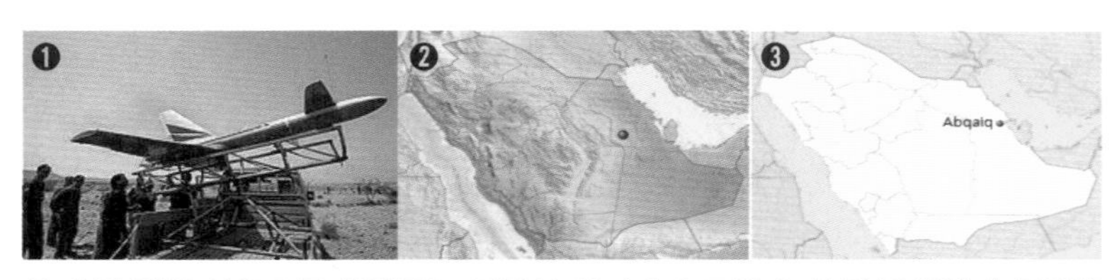

① 후티 반군 사용으로 추정되는 이란산 Ababil-2 드론 ② 후티 반군에게 공격받은 KHhurais 정유시설 ③ 후티 반군에게 공격받은 Abqaiq
(Wikipeida)

북한의 상황을 보자. 남한과의 국력 차이가 점점 벌어지고 있다. 유엔 안보리 제재가 계속되면서 경제상황도 어려워졌다. 그래서 국력에 기반을 둔 자원투입형 대결은 어렵다. 이미 북한의 군사전략은 배합전이나 비정규전을 원칙으로 하고 있다. 드론은 최고의 가성비를 갖춘 비대칭 수단이다. 그래서 드론은 북한의 상황과 군사전략을 모두 충족하고 있다. 북한이 드론에 집중하지 않을 이유가 없다. 전략가 김정은은 앞으로 드론에 더 집중할 것이다.

### 질문 2: 지금 북한은 어떻게 드론에 집중하고 있는가?

우리 군 당국의 발표와 연구기관의 자료를 종합해 보면 북한군은 300~400대에서 많게는 1천 대까지 드론을 개발해 운용하는 것으로 추정된다. 북한의 드론 전력은 주로 대남 정보 파악과 감시·정찰을 목적으로 개발이 시작되었다. 현재는 목표물을 직접 타격하는 자폭형 무인기도 개발해 운용하고 있는 것으로 군은 판단하고 있다.

북한은 2023년 8월 8일에 개최된 열병식에서 전략무인정찰기 샛별 4형과 공격형무인기 샛별 9형을 소개했다. 이날 공개한 무인기는 미국의 고고도 무인정찰기인 RQ-4 글로벌 호크, 미국의 무인공격기인 MQ-9 리퍼와 외형이 거의 똑같았다. 조선중앙TV는 이날 소개된 무인기가 열병식 직전에 평양 시내를 비행하는 영상도 공개했다.

북한판 글로벌 호크 '샛별 4형'
(https://www.nknews.org/2023/07/north-korea-debuts-new-spy-and-combat-drones-that-mimic-us-models/)

북한판 리퍼 '샛별 9형'
(https://www.nknews.org/2023/07/north-korea-debuts-new-spy-and-combat-drones-that-mimic-us-models/)

2021년의 무기전시회에서 북한은 사단급에서 운용하는 것으로 추정되는 신형 드론을 선보였다. 2021년 10월 북한이 개최한 일종의 무기전시회인 국방발전전람회에서 찍힌 김정은 국무위원장 사진에 북한의 신형 무인기로 추정되는 물체가 포착되었기 때문이다.

2021 국방발전전람회
(https://www.nknews.org/2021/10/north-korea-closes-weapons-expo-after-10-days-says-event-generated-new-ideas/)

북한의 드론 개발 역사는 1990년대 초반으로 올라간다. 1990년대에 미국, 중국, 러시아, 시리아 등을 통해서 정찰과 공격용 드론 모델을 입수하여 자체 개발을 시작했다. 미국산 드론은 시리아를 통해서 도입한 것으로 알려졌다.

2000년대에 들어서 중국은 북한에 상업용 드론을 제공했다. 최근에는 경제제재를 고려하여 중국이 북한에 완성품이 아닌 부품을 제공하고 있는 것으로 알려졌다.

특히 이란이 북한의 드론 개발에 결정적인 도움을 주는 것으로 추정된다. 오래전부터 북한이 이란과 무기개발을 위해 긴밀하게 협력하고 있기 때문이다. 북한이 이란에 미사일 기술을 제공했으며, 이란의 핵

프로그램에도 북한이 깊숙이 관련되어 있다고 보고 있다. 현재 우크라이나 전쟁에서 러시아군이 사용하고 있는 정찰용 드론이나 공격용 드론은 대부분 이란제다. 이란의 이러한 드론 관련 기술이나 완성품이 북한으로 제공되었을 것으로 추정된다.

2014년에 발견된 북한의 소형 드론의 항속거리는 150㎞ 내외였다. 2017년에 발견된 드론의 항속거리는 3년 만에 두 배가 늘어난 550㎞ 내외였다. 2022년 12월에 서울 상공까지 침입한 소형 드론의 항속거리는 확인이 되지 않고 있다. 하지만 3년 만에 항속거리를 두 배 늘리는 기술력을 고려하면, 2017년 기준으로 6년이 지난 지금 북한의 소형 드론 기술력은 낮게 평가해도 2017년 성능의 8배 내외이다.

미국 뉴욕의 Bard College 드론연구센터의 보고서에 따르면, 북한은 7개 이상의 무인기 모델을 보유하고 있는 것으로 추정된다. 북한이 그동안 개발했거나 현재 운용하고 있는 것으로 추정되는 드론의 종류를 정리해 보면 다음과 같다.

### 프첼라(Pchela)-1T

Pchela-1T
(2017 안보연구시리즈 제4권 3호『국방경영 및 군수혁신』(국방대학교, 2017), p.155)

러시아 야코블레프 사가 생산하는 정찰용 무인기이다. 훈련용 요격 목표물로도 사용되었다. 1994년에 북한이 러시아로부터 10대를 구매했다. 모니터를 통해 통제하며, 야간비행 능력은 없다.

최대속력은 시속 180㎞이며, 비행고도는 2,500m이다.

### UV-10CAM

중국에서 제작된 산업용 무인기이다. V 자형 꼬리날개가 특징이며 착륙은 낙하산을 이용한다. 항속거리는 350㎞ 정도이다. 2014년 백령도에 추락한 무인기가 UV-10CAM과 유사하다. 연료량을 늘리거나 무게를 줄이는 변형을 했다면, 충분히 설명이 가능한 사안이다.

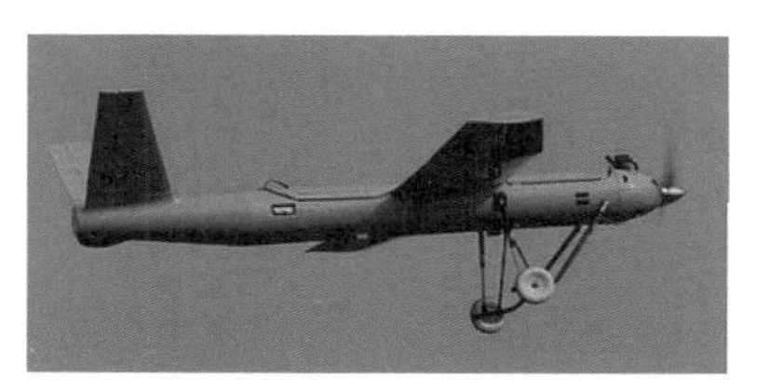
UV-10CAM 드론
(https://namu.wiki/w/북한%20무인기%20추락사건)

### 방현

북한이 1990년대 초반에 자체 개발한 드론이다. 중국의 무인기를 개조했다. 중국의 ASN-104나 ASN-105 무인기를 토대로 방현 I과 방현 II 모델을 개발한 것으로 보인다. 길이는 3m이며, 작전반경은 50㎞이다. 폭약을 장착할 수 있으며, 3,000m 고도에서 2시간 정도 비행이 가능하다.

방현 II 무인기
(2017 안보연구시리즈 제4권 3호『국방경영 및 군수혁신』(국방대학교, 2017), p.154)

### 두루미

북한이 자체 개발한, 정찰과 공격 임무를 수행할 수 있는 다목적 무인기다. 길이는 5m이고 폭이 3m이다. 무게는 35kg이며, 350㎞를 비행할 수 있는 것으로 알려져 있다.

### 수리계

두루미보다 소형의 북한 무인기이다. 기존의 3m급 방현과 5m급 두루미 사이의 등급이다. 3m급의 공격능력은 이미 갖추었을 것이고 정찰능력도 함께 갖추었을 것으로 보인다.

### 신형 소형 무인기

2016년 7월에 북한이 공개했다. 길이는 1m 정도이다.

### Tu-143 Reys

구소련제 무인정찰기이다. 1994년까지 시리아군으로부터 확보했다. 핵탄두나 생물무기 탑재를 위해 개량한 것으로 추정된다. 최대속력은 시속 950㎞이다. 체공 시간은 15분이며 운영 고도는 5,000m이다.

Tu-143 Reys
(https://en.wikipedia.org/wiki/Tupolev_Tu-143#/media/File:Tu-143_Reis.jpg)

### 자폭형 무인기

2013년 군사퍼레이드에 등장한 정찰공격 무인기 (https://www.38north.org/2014/07/jbermudez070114/)

북한은 무인타격기라고 부른다. 2013년 조선중앙통신이 관련 사진을 통해 무인공격기 보유 사실을 처음 알렸다. 미국 레시온 사가 개발한 MQM-107의 복사판이다. 길이는 5.5m, 날개는 3m이다. 최대속력은 시속 925㎞, 고도는 1,2190m이다. 추진기관은 제트엔진이다.

2014년 국방부가 국회 국방위원회에 보고한 내용을 보면, 북한은 2013년 3월 공개된 자폭형 무인타격기를 100여 대가량 실전 배치한 것으로 파악하고 있다.

### 파주·삼척 추락 무인기

2014년에 삼척과 파주에서 추락한 무인기도 있다. 중국 무인기 sky-

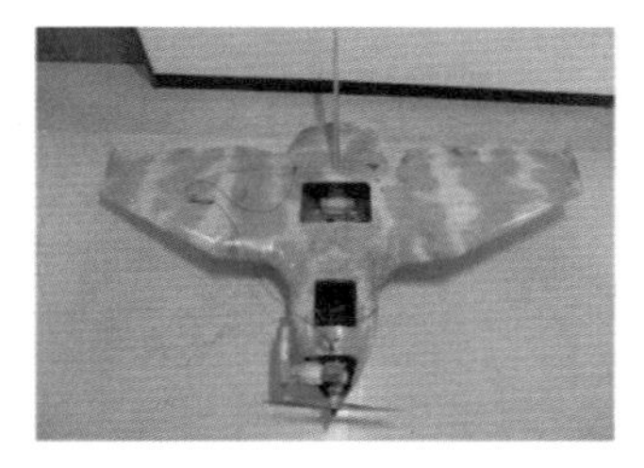

파주에서 발견된 북한 무인기 (https://www.38north.org/2014/07/jbermudez070114/)

중국 sky-09 드론 (https://www.38north.org/2014/07/jbermudez070114/)

09의 변형 모델이다. 2014년 3월에 파주, 4월 삼척에 각각 추락했다. 최대속력 시속 120㎞이며, 항속거리는 208㎞, 운영 고도는 2,000m이다.

### 백령도에서 발견된 무인기

2014년 3월에 백령도에서 발견된 무인기도 있다. 중국의 무인기 UV-10CAM과 유사하다.

### 인제에서 발견된 무인기

2017년 6월 인제에서 발견된 무인기이다. 성주에 있는 미군 사드 기지를 촬영하고 복귀하다 연료 부족으로 추락했다. 고도 2.4㎞에서 시속 90㎞의 속도로 비행한다. 당시 이 무인기는 5시간 30분 동안 555㎞를 비행했다. 3년 전인 2014년에 발견된 무인기보다 성능이 3배 증가했다.

백령도에서 발견된 북한 무인기
(https://www.38north.org/2014/07/jbermudez070114/)

인제에서 발견된 북한 무인기
(https://www.npr.org/2022/12/26/1145530094/s-korea-launches-jets-fires-shots-after-north-flies-drones)

### 군집 드론

북한의 군집 드론 운영 능력도 주목해야 할 대목이다. 최근 북한의 대규모 군중 집회에서는 군집 드론쇼도 선보였다. 회전익 형태의 드론도 활발하게 개발하고 있다는 증거이다.

지난 2018년 9월 9일, 평양 5월1일경기장에서 정권 수립 70주년 기념 집단체조 공연이 있었다. 여기서 드론 수십 대로 대형을 구성하여 '빛나는 조국'이라는 대형 문구를 새기며 드론쇼를 펼쳤다. 북한은 2018년 이후 대규모 정치행사에서 다수의 드론을 활용한 드론쇼를 계속 보여 주고 있다. 북한의 드론 관련 기술의 수준을 드러내고 있는 것이다.

북한의 2018년 군집 드론쇼
(https://image.regimage.org/north-korea-drone-show/)

북한은 조선인민군 창건일 75주년인 2023년 2월 8일 야간 열병식에서도 드론쇼를 했다. 군집 드론 비행을 위해서는 무선에 의한 정밀비행제어기술, 정밀위치인식기법, 수십 m 수준의 오차를 수 ㎝로 좁히는 실시간 이동 측위(RTK) 기술 등이 필요하다. 북한이 이미 군집 드론의 운용 개념을 이해하고 관련 기술과 경험을 축적했음을 의미한다.

정리해 보면, 북한은 초기 단계에는 외국에서 제작된 드론을 들여와서 북한의 필요에 맞게 변형하여 운용했다. 이어서 구성품을 수입하여 자체 조립하여 운용했다. 지금은 자폭 드론, 군집 드론까지도 자체 개발하여 실전에 배치하는 역량을 갖춘 것으로 보인다.

### 질문 3: 앞으로 북한의 군사 분야에서 드론 활용은 어떻게, 어디로 갈 것인가?

북한은 군사 분야에서 드론 활용을 대폭 확대할 것으로 보인다. 북한의 군사 분야 드론의 진화가 어떤 방법과 방향으로 갈 것인지를 살펴보자.

**첫째, 북한은 우크라이나 전쟁에서 러시아와 우크라이나의 드론 운용을 세밀하게 공부하여 적용할 것 같다.** 인류 역사상 최초의 '드론 전면전'이라고 규정될 정도로 드론이 전쟁의 전면에 등장했다. 아주 짧은 시간에 러시아의 일방적인 승리를 예상했던 국제사회의 예측과 달리 우크라이나군은 여전히 잘 싸우고 있다. 드론이 우크라이나군 전투 수행의 핵심 역할을 하고 있다. 김정은과 북한군은 매일매일 드론이 현대전과 미래전을 어떻게 바꿀지 공부하고 있을 것이다.

드론이 생존과 직결된다는 마음으로 전쟁터의 쓰임을 바라보면, 언론 보도를 통해서만 듣고 넘어가는 사람들과 다른 결과를 가져온다. "와~ 드론의 위력이 대단하구나. 저렇게 사용할 수도 있구나!" 정도로 느끼고 생각하고 넘기기 쉽다.

약한 힘을 갖고 입지가 열악한 곳에서 강한 힘과 입지가 우월한 상대와 맞서야 하는 북한은 그렇지 않다. 약자가 어떻게 강자와 당당하게 대결할 수 있고, 심지어는 강자를 제압할 수 있는지를 우크라이나군의 드론 운용을 통해 학습하고 있다.

북한의 수직적이고 일방적인 지휘구조를 고려할 때, 우크라이나 전쟁에서 드론의 쓰임에 대한 학습은 우리의 상상을 초월하는 속도로 무기화와 현장 배치로 이어질 수 있다. 몽골군의 기동력이 당시 상대적으로 선진화된 유럽 군대가 생각했던 상식적인 기동 속도를 능가했던 것처럼 말이다.

**둘째, 북한은 드론의 소형화에 집중할 것이다.** 우크라이나 전쟁에서 드론이라는 4차 산업혁명 시대의 창의 활용은 이에 대응하는 방패의 발전을 가져왔다. 러시아는 드론을 찾고, 찾은 드론을 물리적·비물리적인 방법과 수단으로 무력화하는 방패를 만들고 있다.

드론의 성능이 높아지고 크기가 줄어들면 이에 대응하는 방패의 준비가 몹시 어려워진다. 넓은 공중공간에서 작은 크기의 비행체가 탐지될 확률이 확 낮아지기 때문이다. 크기가 작을수록 RCS(Radar Cross Section, 레이더 유효 반사 면적)가 작아지기 때문이다.

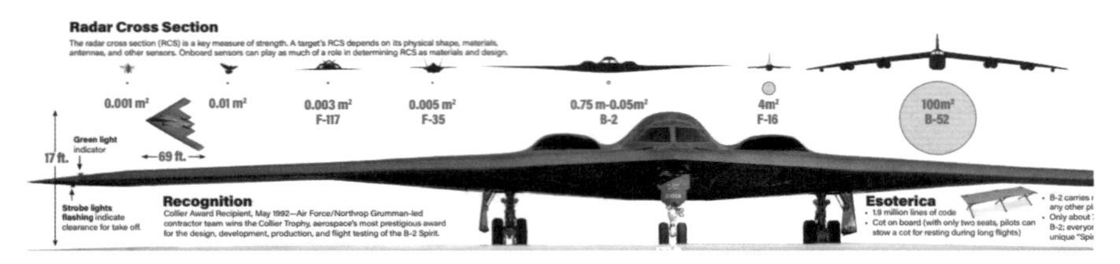


RCS(레이더 유효 반사 면적) 비교
(https://www.airandspaceforces.com/PDF/MagazineArchive/Magazine%20
Documents/2019/July%202019/0719_B-2%20for%20DR.pdf)

우크라이나와 러시아군은 서로 양국의 드론에 대응하는 방패를 극복하는 방안을 찾고 있다. 전자전을 포함해서 상대에게 탐지되지 않고 드론을 운용하는 기술과 전술을 진화시키고 있다. 1장에서 살펴본, 골판지로 드론의 형체를 만들어서 상대의 전자전을 극복하는 방법이 대표적인 예이다.

드론은 4차 산업혁명 시대에 걸맞은 창과 방패의 싸움이다. 전장에서는 주도권을 잡는 것이 매우 중요하다. 전장에서 주도권을 잡으려면 방패만 준비하면 안 된다. 창을 더 많이 준비해야 한다. 그래서 북한은 앞으로 드론의 소형화와 성능 향상에 집중할 것이다.

2014년, 2017년, 2022년에 북한이 자체 제작한 소형 드론으로 남한의 방공망을 피해서 원하는 지역에서 원하는 행동을 할 수 있다는 사실을 이미 확인했다. 결국, 창과 방패 만들기의 속도전이다. 북한에 대비해서 상대적으로 관료주의의 벽이 높은 남한의 방패 만들기 속도가 북한의 창 만들기 속도를 따라가기 어렵다는 것을 북한은 알고 있다. 그래서 소형화와 성능 향상에 집중할 것이다.

**셋째, 북한은 전장 6대 기능의 모든 영역에 드론을 활용할 수 있도록 준비할 것이다.** 북한이 지금까지 발전시키고 부대에 배치한 드론은 대부분 정찰과 타격 기능 수행이 목적이었다. 북한은 우크라이나 전쟁에 대한 학습을 토대로 전장 6대 기능 모두에 드론의 활용을 준비할 것이다. 전장 6대 기능을 수행하던 기존의 무기·장비와 비교하면 드론이 최고의 가성비를 갖기 때문이다.

자신의 전투력을 지키는 '방호' 기능에도 드론의 활용을 모색할 것이다. '지휘통제통신' 영역에서 드론의 활용도 준비할 것이다. '기동' 기능에도 드론의 활용을 폭넓게 적용할 것이다. '전투근무지원(작전지속지원)'의 영역에서 드론의 활용도 준비할 것이다.

이런 준비를 합해서 전체적으로 북한은 '드론 전면전' 수행을 준비할 것이다. 북한의 열악한 경제 상황, 상대적으로 약한 국력을 고려할 때 더 그렇다.

**넷째, 북한은 드론의 절대적인 숫자 늘리기에 집중할 것이다.** 드론은 북한의 처지에서 보면, 자신들의 비대칭 전략 구현을 위한 최적의 비대칭 수단이다. 우리 군은 북한군이 1,000대 내외의 드론(무인기)을 보유하고 있다고 추정하는 것 같다.

개인적으로 이러한 분석에 동의하지 않는다. 이미 수천 대의 드론을 보유하고 있다고 생각한다. 드론이 주는 가성비 때문이다. 그래서 북한은 드론을 현재와 미래의 핵심 군사 능력의 한 분야로 집중적으로 육성할 것으로 보인다.

중학생이 본인의 취미용 드론으로 러시아군 전차 20대를 파괴한 우크라이나의 상황을 이미 북한은 보았고, 그 내용을 군의 무기체계 확보에 접목하고 있을 것이기 때문이다.

우크라이나의 영웅이 된 15세 소년 관련 기사
(https://war.ukraine.ua/heroes/15-year-old-andrii-helped-destroy-a-column-of-russian-equipment-thanks-to-his-drone-skills/)

소형 드론 1대의 역량은 미미할 수 있다. 하지만 소형 드론 10,000대가 동시에 운용된다면 그 효과는 절대 미미하지 않다. 북한이 첨단 전차, 첨단 전투기, 첨단 이지스함을 수십 대(척), 수백 대(척)를 당장 구매할 수 없지만, 소형 드론 10,000대는 당장 준비할 수 있을 것 같다.

**다섯째, 북한은 국제시장에 수출하는 무기체계의 목록에 앞으로 드론을 추가할 것 같다.** 북한은 직간접적으로 무기를 수출하여 외화를 획득하고 있다. 이제는 이러한 무기의 수출 목록에 드론이 포함될 것 같다. 이미 드론을 수출하고 있을지도 모르겠다.

**North Korea tried to sell 3,500KM range missiles – arms trader**

"The price per unit was in excess of $100 million for those intermediate-range ballistic missiles and would be sold not less than three at a time"

북한의 무기 수출 기사
(https://www.nknews.org/2013/06/north-korea-tried-to-sell-3500km-range-missiles-arms-trader/)

북한은 자체 상표로 드론을 만들고 실전에 배치하여 운용하고 있다. 이러한 자신들의 장점과 역량을 토대로 대대적인 수출을 할 수 있다고 본다. 어차피 북한의 무기 수출은 비밀리에, 북한과 우호적인 관계를 유지하고 있는 국가들과 하기 때문이다.

북한이 머지않아 무인기 수입국에서 드론 수출국으로 부상할 수 있다.

### 질문 4: 우리는 어떻게 대응하고 준비해야 할까?

우리도 드론을 4차 산업혁명 시대 창의 핵심 비대칭역량으로 육성하고 갖추어야 한다. '드론 전면전'이 시작되어, 북한과 수행해야 할 군사작전의 판이 달라졌기 때문이다.

**첫째, 북한을 보는 관점의 전환이 필요하다.** 우리는 북한을 우리의 처지에서 보는 경향이 있다. 그렇게 접근하면 북한에 대한 정확한 진단이 안 된다. 상대에 대한 진단이 정확하게 안 되면 처방이 달라진다. 우리가 어떤 장비를 만드는 데 1,000원이 소요된다면, 북한은 100원만 사용해도 제작이 가능할 수도 있다. 우리가 어떤 장비를 개발하는 데 3년이라는 시간이 필요하다면, 북한은 1년이면 가능할 수도 있다. 북한의 경제구조나 의사결정 절차가 우리와는 완전히 다르기 때문이다.

드론의 군사 분야 사용도 철저하게 북한의 입자에서 봐야 한다. 북한의 경제적인 상황과 국가의 총력전 수행 역량을 고려하면, 북한이 정한 답은 비대칭 능력의 확대이다. 드론이 정확하게 북한의 전략을 충족할 수 있는 수단이다. 북한의 군집 드론쇼의 수준이 우리가 편견에서 벗어날 필요가 있음을 잘 보여 준다.

**둘째, 우리도 '드론 전면전' 수행을 준비해야 한다.** 드론에 대응하는 방패를 만드는 분야에만 집중하면 안 된다. 방패만 갖고는 전장에서 주도권을 확보하지 못하기 때문이다.

드론을 전장 6대 기능 전체에 접목하여 전쟁 수행의 패러다임을 바꿔야 한다. 드론이 높은 가성비를 갖기도 하지만, 전장 6대 기능의 수행에 접목할 수 있는 영역이 점차 확대되고 있기 때문이다. 우리도 드론을 비대칭 전력으로 확보하고 필요한 능력을 확대해야 한다.

'드론 전면전'은 지금까지 적용해 온 전면전 수행 개념의 변화이다. 국방정책, 군사전략, 군사작전의 큰 틀과 연계하여 '드론 전면전'을 준비해야 한다.

전장 6대 기능 모든 면에서 드론을 기존의 장비와 무기체계에 통합하여 활용을 극대화해야 한다. 그런 관점으로 지금 우리 군의 계획과 추진을 다시 살펴보아야 한다.

**셋째, 소형 드론이 작다고 무시하지 말고, 드론 전력화에 신속성 적용하여 빨리 능력을 확보해야 한다.** 우리 군도 이미 드론을 군사작전의 여러 영역에 접목하는 계획을 하고 있으며, 계획대로 진행하고 있다고 확신한다. 관건은 속도이다. 4차 산업혁명 기술의 발전과 변화의 속도가 매우 빠르기 때문이다. 드론을 전장 6대 기능에 접목하는 계획의 실행력을 높이고, 추진 속도를 더 높여야 한다.

우리는 지금 4차 산업혁명 시대 창과 방패의 싸움에서 북한에 밀리고 있다. 2022년 12월에 북한의 소형 드론이 용산까지 다녀간 일이 대표적인 사례다. 우리가 관료주의를 벗어나지 못하고 현재의 법규와 절차를 준수하려고 하면 속도가 나지 않는다. 북한의 의사결정체계를 살펴보면, 왜 우리와 북한이 드론의 무기화 과정에서 속도 차이가 나는지 조금은 이해가 된다.

우크라이나군의 경우를 보자. 우크라이나군은 드론을 소모품으로 사용한다. 그래서 전투의 현장에서 다양하게 적용할 수 있다. 민간의 드론 관련 장비와 기술의 도입도 과감하게 개방하고 있다. 그래서 이른 시간에 군이 필요로 하는 드론 관련 장비와 기술의 사용이 가능하다.

우리 군은 드론이 훈련 중에 한 대 추락하면 큰일 나는 것처럼 호들갑이다. 드론을 애지중지하느라 과감하게 시험과 훈련을 못 하는 상황은 아닌지 다시 살펴보아야 한다. 이런 상황이 되면 빠르게 전장의 6대 기능에 드론을 접목하지 못한다.

드론을 군사 목적에 사용하려고 하면, 무선으로 정보를 주고받는 과정에서의 보안에 문제가 있다고 한다. 주파수 할당에 제한이 있다고 한다. 공역 사용에 문제가 있다고 한다. 정비에 문제가 있다고 하고, 추락하면 안전에 문제가 있다고 한다. 여기서 빨리 벗어나야 한다.

**넷째, 기관별, 제대별 역량에 맞게 역할과 기능을 분담하고 시행해야 한다.** 3장에서도 언급했지만, '드론 전면전' 수행을 준비하기 위해서 기관별, 제대별로 역할을 잘 분담해야 한다. 상급제대나 기관으로 갈수록 자기 역할을 잘 하지 않는 경향이 있다.

'드론 전면전'을 수행하는 역량을 갖추려면 국가 차원에서는 꼭 해야 할 일이 있다. 행정부는 국회와 협업하여 관련 법규를 제정하거나 개정해야 한다. 예산 집행의 융통성을 높이려는 조치도 해야 한다. 피감기관에 가서 지적사항을 많이 가져올수록 높은 평가를 받는 감사원의 감사 문화도 살피고 관련 법규도 개정해야 한다.

국방부는 국가의 과학기술 발전, 신기술 산업생태계 구축, 과학 인재 양성 등의 정책과 연계하여 국방 분야에서의 드론 관련 정책을 기획하고 추진해야 한다. 드론의 신속한 활용과 연관되는 법규 제정과 개정 소요를 식별하여 정리해 가야 한다.

관련 예산의 확보와 투입은 물론 조직과 인력을 포함한 국방역량을 '드론 전면전' 수행에 맞게 재구조화해야 한다. 드론을 애지중지하지 않고 소모품처럼 사용하는 문화와 제도를 만들어야 한다.

합참은 재래식 전투력 위주의 전면전 수행 개념을 탈피해야 한다. 드론을 포함한 4차 산업혁명 기술을 접목한 작전형태별 군사작전 수행 개념을 준비해야 한다. 이러한 작전개념도 처음부터 완벽할 수 없다. 그래서 '진화적 ROC'처럼, 군사작전 수행 개념도 단계적으로 발전시켜야 한다.

당장 육·해·공에서 수행하는 현행작전의 6대 전장 기능에 드론을 접목해야 한다. 전면전을 포함한 유사시 작전에 드론을 접목하는 개념의 준비도 합참의 몫이다.

군정의 임무를 수행하는 각 군에서도 역할을 해야 한다. 드론이 전장 6대 기능을 수행하려면 훈련이 필요하다. 훈련을 위한 교관 능력, 훈련장, 훈련 보조장비 등을 준비해야 한다. 드론 전면전 수행에 필요한 인적자원도 확보해야 한다. 드론을 운용하기 위한 정비와 보급체계도 구축해야 한다.

**다섯째, 국방이 공공소요 창출을 선도해서 국내 드론산업 생태계 구**

**축을 선도해야 한다.** 3장에서 이미 제언했던 내용이지만, 중요한 사안이므로 한 번 더 의견을 제시해 본다.

군에서는 병사들에게 매일 우유를 급식한다. 우유의 급식은 장병의 건강을 위한 조치이면서 동시에 국내 낙농업계의 수요 창출을 위한 국가 차원의 의도가 포함되어 있다. 드론도 같은 개념을 적용해야 한다. 어떤 새로운 사업영역에 국내 업체가 투자하려면 소요가 보장되어야 한다. 소요가 보장되지 않으니 기업이 투자를 못 한다. 상대적으로 비용이 낮은 중국산 장비를 사용하는 것이 더 효율적이기 때문이다. 그래서 중국산이 우리나라는 물론 세계 드론 시장을 선점한다.

국가 차원에서 보면 국방 영역이 가장 많은 드론의 공공소요를 창출할 수 있다. 개인의 건강에도 도움이 되지만 낙농업도 발전시키는 우유 급식처럼, 군이 드론 소요를 많이 창출하여 전투력도 높이면서 국가의 드론산업 생태계 구축에도 도움을 주어야 한다.

결론적으로, 4차 산업혁명 시대 창과 방패를 빨리 갖춰야 북한과의 드론 싸움에서 이긴다! 말과 계획과 싸우지 말고 행동으로 실천해야 한다.

# 중국의 군사 분야 드론 활용 전략

## 중국군의 드론 기술 수준

중국은 드론 분야에서 미국과 어깨를 나란히 할 정도의 수준에 도달해 있다. 중국의 민간용 드론은 세계 시장에서 미국에 이어 2위를 차지하고 있다. 중국의 드론회사인 DJI는 세계 상용 드론 시장의 70% 이상을 점유하고 있다.

군사용 드론과 관련된 중국의 능력도 민간용 드론과 유사하다. 미국 영토까지 비행할 수 있는 정찰용 드론이나 공격용 드론을 보유하고 있다.

일본의 언론 보도를 보면, 중국은 정찰용 드론을 활용하여 대만을 포함한 동중국해 일대에 대한 감시정찰 임무를 거의 매일 수행하고 있다. 다음은 중국 무인기가 대만 진먼다오(金門島) 초소에 있는 군인들을 촬영하여 중국 SNS(social networking service, 사회관계망서비스)

에 유포된 사진이다. 진먼다오는 중국 본토에서 4㎞ 정도밖에 떨어지지 않았다. 중국군 무인기가 대만군 초소에서 돌을 던지면 닿을 정도의 거리까지 근접했고, 중국 누리꾼들이 아무런 대응을 하지 않은 대만군인을 조롱하고 무시하는 댓글이 달렸다.

중국군 무인기가 촬영한 대만 진먼다오 인근 대만군 초소
(지도: google map, 초소: Weibo video)

중국에서 제작한 공격용 드론이 세계의 여러 나라에 수출되어 다양한 무력분쟁에 사용되고 있다. 『뉴욕타임스』는 DJI를 포함한 중국의 26개 드론 제조업체가 러시아-우크라이나 전쟁 발발 이후 러시아에 약 160억 원(1,200만 달러) 규모의 드론과 부품을 수출했다고 보도했다.

## 중국군은 드론을 어떻게 보는가?

중국의 군사전문가들은 "미래전의 승패는 드론에 달려 있다."라고 얘기하며 "미래 전투에서 무인드론이 유인 전투기를 대체할 것"이라고 강조한다. 이처럼 중국군은 미래전의 승패는 드론이 좌우한다고 생각하고 있다.

중국군은 드론 분야에서도 미국을 추격하기 위해 드론의 전력화를 대대적으로 추진하고 있다. 정찰용 드론, 공격용 드론에 이어 지금은 태양광 드론까지 개발하고 있다.

드론과 관련된 인적자원의 확보를 위한 중국 정부의 조치도 계속되고 있다. 중국 정부는 최근에 드론을 포함한 4차 산업혁명 기술을 군에 접목하기 위해 징병에 관련된 법을 개정하였다.

人民日报
RENMIN RIBAO

13

国务院、中央军委公布实施
新修订的《征兵工作条例》

习近平在视察南部战区海军时强调
深化练兵备战 加快转型建设
全面提高部队现代化水平

宏观政策聚力 兜牢民生底线

징병 관련 법령 개정 관련 『인민일보』 보도
(『인민일보』(2023.4.13.))

이번 징병 관련 법령 개정의 핵심은 두 가지이다. 첫째, 입대 나이의 제한을 없애서 퇴역군인도 재입대가 가능하도록 했다. 축적된 전문적인 경험이 필요한 직책인 해군의 수중음파탐지기 운용 요원, 공군 전투기 조종사 등에 경험자를 활용하기 위한 전략이다.

둘째, 대학생의 징병을 강화했다. 대학교에 재학생의 징병 임무를 할당했으며, 대학생은 호적지 또는 학교 소재지에서 모두 징집할 수 있도록 규정했다. 인공지능(AI)과 로봇 등 첨단기술에 익숙한 이공계 대학생을 징병하려는 의도로 분석된다. 일본『닛케이』보도에 따르면, 중국군은 우주위성, 사이버, 무인드론, 인공지능 및 정보전이 현대전쟁의 주류가 되면서 AI를 구사하는 '지능화' 연구를 가속하고 있다.

## 중국의 드론 수출

중국은 이미 전투용 드론의 제1 수출국이 되었다. 알자지라 방송의 보도(2023. 1. 24.)를 보면, 중국은 사우디아라비아, 미얀마, 이라크, 에티오피아 등에 전투용 드론을 수출하였다. 예멘에서 벌어지고 있는 전쟁에서는 사우디아라비아군이 중국산 드론으로 전투를 수행하고 있다. 이라크군은 중국산 드론으로 260회 이상 IS를 타격했다.

중국이 전투용 드론을 가장 많이 수출하는 국가가 된 이유는 간단하다. 가성비가 최고이기 때문이다. 중국산 전투용 드론은 가격이 미국산의 절반도 안 될 정도로 저렴하면서 충분한 성능을 보유하고 있다.

## 중국의 주요 정찰 드론

미국의 대표적인 싱크탱크(Think Tank)인 CSIS(Center for Strategic & International Studies)에 따르면, 중국의 대표적인 드론은 Wing Loong 시리즈와 CH 시리즈가 있다. 우선 주요 정찰용 드론부터 살펴보자.

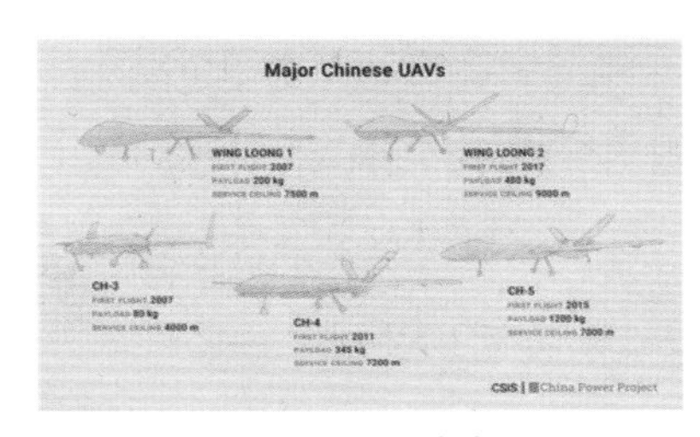


중국 드론 계열
(https://www.csis.org/analysis/china-forefront-drone-technology)

### WZ-8 정찰 드론

이 드론은 2019년 건군 70주년 열병식에서 공개된 중국군 초음속 스텔스 정찰 드론이다. 중국 인민해방군이 실전 배치한 최신예 드론이며, 중국군이 보유한 드론 가운데 가장 강력하다는 평가를 받고 있다. 태평양 지역에서 괌까지 정찰할 수 있다.

중국의 드론 기술을 집약한 첨단 모델로, 마하 6으로 비행하는 록히드마틴의 무인정찰기 SR-72 블랙버드를 제외하고 전 세계에서 가장 빠른 정찰 드론으로 추정되고 있다.

WZ-8 정찰용 드론
(https://en.wikipedia.org/wiki/AVIC_WZ-8)

40㎞ 고도에서 마하 4.5 속도로 비

행하는 것으로 추정된다. 길이는 11.5m, 날개 길이는 6.7m, 높이는 2.2m이다. 동체에 전자광학 센서 등 각종 정찰 장비를 적재한다. 고속으로 상승한 다음 탄도미사일과 비슷하게 고도와 속도를 이용해 활강하면서 회수 지점으로 비행한다.

미국 『워싱턴포스트』는 2023년 4월 18일 미국 주방위군 소속 테세이라 일병이 빼낸 정보 가운데 국가지리정보국의 기밀문서를 입수했다며 이 문건에 담긴 WZ-8의 위성사진과 함께 한국과 대만을 정찰하고 복귀하는 예상 비행경로 등을 공개했다.

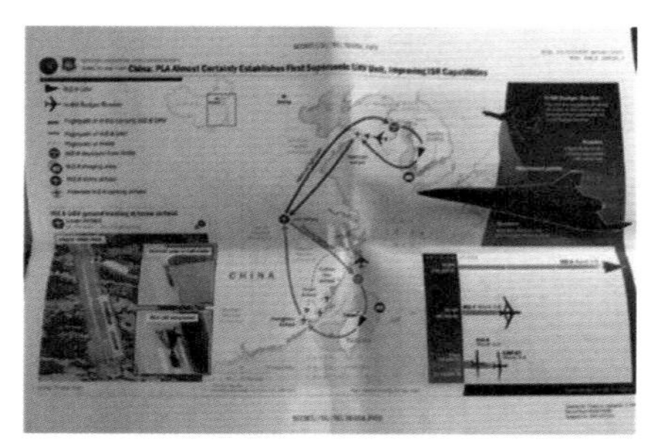

WZ-8의 정찰비행 경로
(twitter)

미국 국가지리정보국의 분석을 보면, WZ-8이 한국 서해 일대와 경기 평택·군산·오산기지 등 주한미군 기지를 비롯해 대만 군사 기지를 촬영하는 등 정찰 활동을 했을 것으로 보고 있다.

중국 안후이성 루안 공군기지(상하이에서 내륙으로 560㎞ 위치)에서 이륙한 전략 폭격기 훙(H)-6M이 자국 동해안까지 날아가 탑재된 WZ-8을 발사하면 WZ-8은 대만이나 한국 영공에 진입해 고도 30.5㎞에서 음속의 3배 속도로 비행해 정찰 활동을 한다.

### WZ-7 정찰 드론

2022년 중국 주하이 에어쇼에서 공개된 WZ-7 (https://en.wikipedia.org/wiki/Guizhou_WZ-7_Soaring_Dragon)

중국판 '글로벌 호크(Global Hawk)'인 고고도 장거리 드론이다. 최근에 대만 정찰은 물론 일본 열도 인근까지 투입하여 정찰 임무를 수행하고 있다.

WZ-7은 비행고도가 2만 m 정도이다. 그래서 지대공미사일로 요격이 어렵다. 10시간 정도 비행할 수 있다. 길이 14.33m, 날개 너비 24.86m, 높이 5.41m로 미국의 고고도 무인정찰기인 '글로벌 호크'보다 작다. 순항속도가 시속 750㎞이며 작전반경이 2,400㎞이다. 정보 수집과 전파 교란 기능도 갖추고 있다.

### BZK-005 정찰 드론

BZK-005 정찰 드론 (https://en.wikipedia.org/wiki/Harbin_BZK-005)

중국 해군이나 공군이 운영하는 고고도 정찰 드론이다. 대만해협의 정찰 활동에 주로 투입되는 드론이다.

드론의 중량은 150㎏이며, 길이는 9m이고, 날개 길이는 19m이다. 최대 이륙 중량은 1,250㎏이다. 연속 체공 시간이 40시간이며 8,000m 상공에서 시속 150~180㎞의 속도로 정찰 임무를 수행할 수 있다.

최근에 대만해협에 위기가 고조되면서 2023년 5월 3일에 대만을 거의 한 바퀴 도는 순회 비행을 했다.

대만 국방부는 대만을 정찰한 중국군 무인정찰기 BZK-005 1대의 움직임을 소개했다. 비행경로를 보면, BZK-005는 대만해협 중간선 북단을 넘은 뒤 시계 방향으로 대만 동북부, 동부, 남부 공역을 각각 통과한 뒤 서남부 공역을 거쳐 중국 연안으로 돌아갔다.

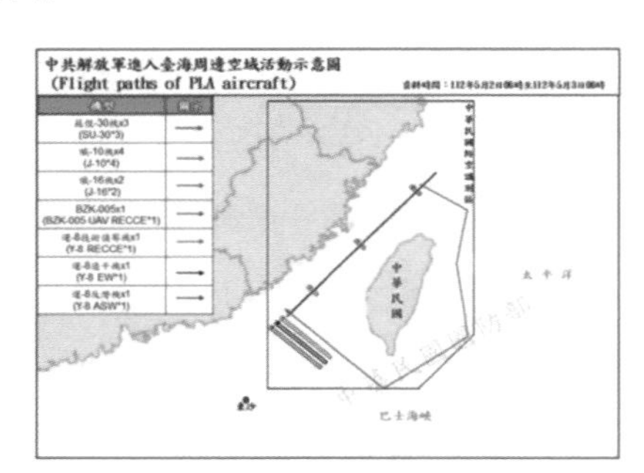


대만 국방부가 발표한
중국군 BZK-005 정찰 경로
(대만 국방부)

TB-001 정찰 드론

중고도 정찰 드론이다. 드론의 최대 탑재 중량은 1.2톤이고 작전반경이 3,000㎞로 미국령 괌까지 비행이 가능하다.

TB-001 정찰 드론
(https://en.wikipedia.org/wiki/Tengden_TB-001)

길이는 10m이며 날개의 길이는 20m이다. 높이는 3.3m이며 자체 무게는 1,200㎏이다. 최고 속도 280㎞/h, 최대 상승 고도 8,000m, 최대 이륙 중량은 2.8톤이다. 1톤 이상의 장비를 탑재하고 35시간 이상 비행할 수 있다.

2022년부터 TB-001은 일본 방공식별구역(ADIZ, Air Defense Identification Zone)에 출현했으며 올해는 일본 오키나와 미야코섬과 대만 부근 해역에 계속 나타나고 있다. 최근에는 TB-001 드론을 이용한 대만 정찰비행도 계속되고 있다

### 중국의 주요 공격용 드론

중국군은 최근에 공격용 드론을 대규모로 실전에 배치했다. 사우디아라비아, UAE, 이란, 이라크, 카자흐스탄 등 10여 개국에 공격용 드론을 수출하고 있다.

#### GJ-11 공격용 드론

2021년 중국 주하이 에어쇼에서 공개된 중국군 초음속 고고도 스텔스 공격용 드론이다.

2021년 주하이 에어쇼에서 공개된 GJ-11
(https://en.wikipedia.org/wiki/Hongdu_GJ-11)

'리젠(利劍: 날카로운 검)'이라는 별명으로 불리는 GJ-11은 날개가 14m나 되고 2t에 달하는 무기를 탑재한다.

중국 국영 CCTV의 보도를 보면, 중국군은 공격용 드론인 GJ-11과 J-20 스텔스 전투기가 함께 전투 임무를 수행하는 윙맨(wingman) 연구를 시작했다. 이는 중국 공군의 유무인 복합전투체계이다.

### Wing Loong-10 공격용 드론

2020년 난창 에어쇼에서 최초로 공개된 공대지 공격 드론이다. 가격은 약 11억 원(6백만 위안) 정도이다. 무게는 정찰과 공격용 무기를 포함하여 약 220kg이다. 작전반경은 4,000㎞이며, 20시간 동안 비행할 수 있다.

Wing Loong-10 드론
(https://en.wikipedia.org/wiki/Chengdu_WZ-10)

### CH-6 공격용 드론

공격과 정찰 임무를 수행할 수 있는 드론이다. 국제 드론 시장에서 미국의 MQ-9A 리퍼(Reaper)와 경쟁하기 위해 출시한 드론이다. 중국의 CH 시리즈 공격용 드론은 기본적으로 미국의 MQ-9 리퍼를 벤치마킹하여 개발하였다.

최대이륙중량은 7,800kg이며 운반 하중은 장비, 탄약, 센서, 미사일 등을 포함하여 450kg이다. 시속 700㎞로 비행하며, 고도 15,000m에서 21시간 동안 체공이 가능하다.

CH-6 공격용 드론
(https://en.wikipedia.org/wiki/CASC_Rainbow)

CH 시리즈 드론은 중국에서 생산되는 드론 중에서 가장 수출이 많이 된 드론이다. 지금까지 파키스탄, 미얀마, 이집트, 사우디아라비아, 알제리, 이라크 등 10여 개 나라에 수출되었다. 가격은 80~100억 원(6~8백만 달러)이다. MQ-9A 리퍼의 가격이 약 400억 원(3,200만 달러)임을 고려할 때 CH-6는 50% 이하 가격으로 경쟁력을 갖고 있다.

중국의 CH 계열 공격용 드론과 경쟁하는 모델을 비교해 보면 다음 그림과 같다.

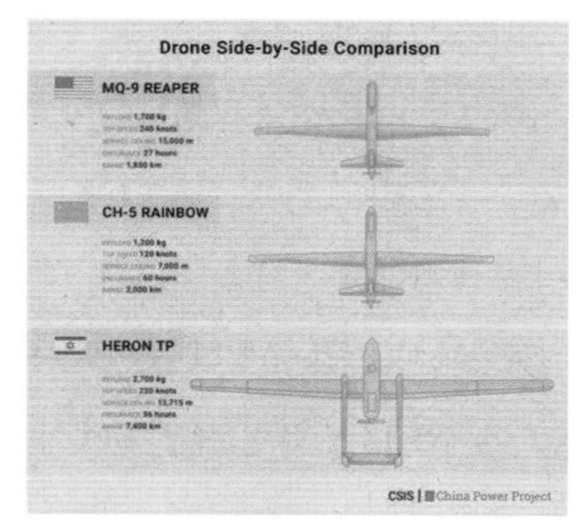


CH 계열 드론 비교
(https://www.csis.org/analysis/china-forefront-drone-technology)

CH-4 공격용 드론

CH 계열 공격용 드론이다. 세계 여러 나라에 수출했다. 이 드론을 수입한 외국 군대에 의해 지난 10여 년 동안 4,000회 이상 비행한 드론이다. CH-4를 수입한 군대에서는 800회 이상의 미사일을 발사했으며, 99% 이상의 명중률을 보였다. 수출 가격은 무기와 센서를 포함하여 약 60억 원(5백만 달러) 이하이다.

2022년 주하이 에어쇼 CH-4 (commons.wikimedia.org(2022.11.12.))

날개의 길이는 18m, 동체의 길이는 8.5m이다. 1,000마력의 엔진을 탑재하고 있으며, 345kg 탑재 중량으로 40시간 체공할 수 있다. 최대속력은 시속 435㎞이며 순항 속력은 시속 약 180㎞이다.

AR-1형이나 AR-2형 미사일, AKD-10형 대전차미사일, 90㎜ BRMI-90형 유도로켓, 139kg의 FT-9형 폭탄, 50kg의 GB형 정밀타격 폭탄 등이 주요 탑재 무장이다.

북한도 CH-4를 수입한 것으로 보인다. 영국『Jane's Defence Weekly』는 2022년 12월 21일 자 보도에서 미국 상업용 위성사진 분석결과 북한 방현 공군기지에서 AN-2기 옆에 CH-4와 유사한 무인기를 식별했다고 밝혔다.

### CH-7 공격용 드론

2022년부터 생산을 시작한 중국의 고고도, 장기체공, 고속비행 스텔스 공격용 드론이다. 미국의 B-2 폭격기, 노스럽 그루먼의 스텔스 드론인 X-47B와 유사하다. 2018년 주하이 에어쇼에서 일반에 공개되었다.

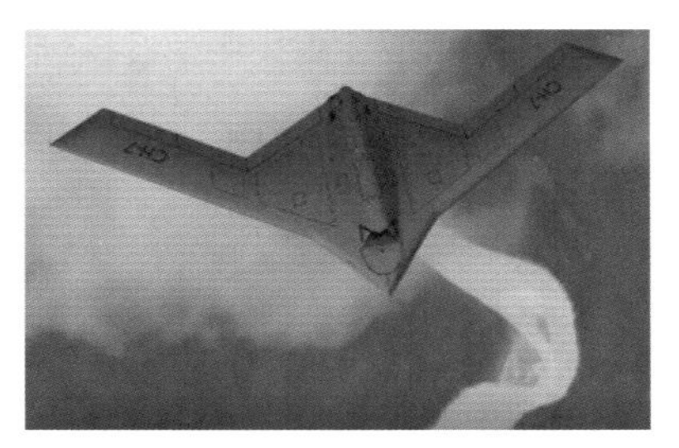


CH-7 공격용 드론
(https://www.militarydrones.org.cn/ch-7-rainbow-stealth-uav-drone-china-price-manufacturer-p00097p1.html)

날개의 길이가 22m이며 동체의 길이는 10m이다. 최대이륙중량은 13t이다. 고도 13,000m에서 시속 920㎞로 운행할 수 있다. 작전반경은 2,000㎞이며 체공 시간은 15시간 정도 된다.

다양한 무장을 탑재할 수 있으며, 다양한 센서로 레이다 전자신호를 가로채거나 탐지하고 지휘시설, 미사일 기지, 함정 등 고가치 표적을 식별할 수 있다.

### AR-500C 헬리콥터 드론

이 드론은 정찰, 전자적 정찰, 통신 중계 등의 기능을 수행하는 AR-500B의 개량판이다. 중국군은 2020년 9월에 티베트 고원 지역에서 무인 헬리콥터인 AR-500C 시험비행을 성공적으로 수행했다고 밝혔다. 중국군은 무인헬기를 고지대에 있는

AR-500C 헬리콥터 드론
(https://www.militarydrones.org.cn/avic-ar500c-unmanned-helicopter-p00537p1.html)

국경 지역의 군사작전에 투입을 계획하고 있다.

최대이륙중량은 500kg이며, 탑재 중량은 150kg이다. 운영 고도는 5,000m이다. 배터리 성능은 5시간이어서, 5시간 내외의 작전 운영이 가능하다. 최대속도는 시속 170km이며, 작전반경은 100km이다.

자동 이착륙, 자동 하버링, 자동 경로 비행 등의 다양한 첨단 고기능의 비행 기능을 갖추고 있다. 따라서 전자전, 구조지원, 핵방사선이나 화학물질 탐지, 표적 지시, 표적 타격, 물자 운단 등 다양한 기능을 수행할 수 있는 드론이다.

중국군 헬기 연구소는 2004년에 무인기 연구팀을 설치하여 다양한 무인헬기를 개발해 왔다. 헬기 연구소 무인기 연구팀이 개발한 AR 시리즈는 다양한 기능을 수행할 수 있는, 이륙중량 1톤의 무인헬기까지 개발한 상태이다.

### CR500 정찰과 공격용 헬리콥터 드론

2018년 중국 에어쇼에서 첫선을 보인, 중국군의 최신예 중형 무인헬기이다. 동축 로터가 특징이며, 임무에 따라 다양한 탑재물을 실을 수 있는, 타격 가능한 드론이다.

기존의 무인헬기와 비교해서 고중량 탑재와 장시간 비행이 가능하고 강풍에 대한 대응력도 높다. 그래서 전장 정찰, 표적 획득, 전자전, 통신 중계, 피해평가 등에 활용이 가능하다. 화물 운송용으로도 사용할 수 있다. 전차, 보병전투장갑차, 자주포 등에 대한 사격유도나 표적

지시 등을 할 수 있다.

Blue Arrow 9 공대지미사일 8발을 장착할 수 있다. 이륙중량 500kg, 작전반경은 300㎞이다. 비행시간은 5시간이며, 최대 고도는 3,000m이다. 주야간 카메라, 적외선 열화상 감시 시스템, 레이저 거리측정기, 레이저 유도 시스템 등을 갖추고 있다.

CR500 드론
(https://www.militarydrones.org.cn/cr500-golden-eagle-unmanned-helicopter-p00239p1.html)

가격은 대당 12억 원(90만 달러) 정도로 알려져 있으며, 2020년 11월에 UAE가 10대 내외를 수입한 것으로 알려져 있다.

### 퇴역하는 전투기를 자폭 드론으로 개조

중국군은 오래된 전투기를 자폭 드론으로 개조하는 계획도 갖고 있다. J-7 전투기가 그 대상이다. J-7 전투기는 소련제 미그(MiG)-21을 기술 도입 생산한 전투기이다.

J-7 전투기
(https://en.wikipedia.org/wiki/Chengdu_J-7)

퇴역 예정인 중국군의 J-7 전투기

는 약 400대인데, 중국군은 이 전투기를 자폭 드론으로 개조하는 것이다. 퇴역 전투기의 자폭 드론으로의 개조도 중국군의 독특한 시도이자 참신한 전략이다.

이외에도 중국군이 개발하고 있는 드론 2가지를 추가로 소개하면, 치밍싱-50 태양광 드론과 화염방사기 드론이 있다.

### 치밍싱(启明星, Qimingxing)-50 태양광 정찰 드론

치밍싱-50은 중국군 최초의 태양광 정찰 드론이다. 날개 길이가 50m에 달하는 이 무인 정찰 드론은 최대 비행 가능 고도가 20㎞이다.

치밍싱-50
(https://www.iasgyan.in/daily-current-affairs/qimingxing-50)

### 화염방사기 드론

드론 시대에 중국군은 다양한 종류의 드론을 개발하여 적용하는 데 주력하고 있다. 화염방사기 드론도 그중 하나다.

이 드론은 DJI 사의 Matrice 300 RTK 드론을 기체로 사용한다. Matrice 300 RTK는 건설, 에너지, 구조 감독 등 전문적인 운용을 위한 상용 드론이다.

화염방사기 드론
(CCTV 캡처)

화염방사기 드론은 최대 7㎞ 고도에서 최대 55분 동안, 운영자로부터 최대 8㎞까지 비행할 수 있다.

화염방사기 드론의 기체인 DJI Matrice 300 RTK는 6개의 방향 및 위치 센서 덕분에 스스로 장애물을 감지할 수 있다. -20℃~50℃의 온도 범위에서 작동할 수 있다.

GPS를 사용하는 것 외에도 드론은 탐색 지점을 추적하고 선택한 사람이나 차량을 추적할 수 있다. 274Wh 용량의 배터리 2개가 장착된 드론의 무게는 각각 6.3kg이고 적재 용량은 2.7kg이다. 참고로 상용 드론인 DJI Matrice 300 RTK 드론의 가격은 대당 약 1,400만 원이다.

중국은 또한 사람이 직접 운용하지 않고 인공지능(AI)에 의해 스스로 지정한 목표를 타격하는 첨단 드론 기술개발에도 박차를 가하고 있다.

## 중국군, 드론 유도로 공격헬기 미사일 사격 성공

중국군은 드론을 유인 무기체계와 결합하여 전투의 효율성을 높이는 시도를 활발하게 하고 있다. 중국군인 최근 실탄 사격에서 Z-19 헬기가 정찰 드론을 사용하여 비가시 거리의 해상 표적에 미사일 공격을 하도록 유도미사일의 공격을 유도하는 훈련을 했다.

드론은 수천 m 상공에서 해상 목표를 탐지, 식별, 추적한 뒤 실시간으로 데이터를 지휘소로 전송한다. Z-19 공격헬기 조종사들은 맨눈으로 표적을 확인하는 대신 비가시권에서 미사일이 유효사거리에 진입하면 Z-19 gunship에서 무기 유도를 위해 표적을 향해 유도미사일을 발사한다.

중국군 공격헬기 PLA Z-19
(https://en.wikipedia.org/wiki/Harbin_Z-19)

헬기를 유도하기 위해 드론을 사용하는 것은 악천후나 적이 연막을 사용할 때처럼 시야가 낮은 조건에서도 사용할 수 있다. 드론을 활용하면, 유인 헬기의 안전을 확보하면서 능선이나 건물 뒤에 있는 전차나 장갑차, 전투차량을 타격할 수도 있다.

중국의 활발한 드론 기술개발은 우리에게 많은 함의를 준다. 드론은 러시아-우크라이나 전쟁에서 이미 그 효용성이 입증되었다. 중국의 드론 전력 강화는, 중국 군대가 미래전의 승패가 드론에 의해 좌우될 수 있다는 점을 충분히 알고 있기 때문이다.

중국의 드론 전력 강화는 직·간접적으로 우리에게 영향을 준다.

먼저 **직접적인 영향**을 보자. 중국군은 이미 한반도 전구를 정찰·감시하고 타격할 수 있는 무인기 역량을 갖추었다. 이러한 무인기 역량을 토대로 주기적으로 한반도 전구를 정찰하고 있다. 우발적인 무력분쟁에서 중국군의 드론 투입에도 대응해야 한다.

**간접적인 영향**도 많다. 중국은 드론 전쟁에 대비하는 차원에서 우리의 동맹인 미국과 경쟁하고 있다. 한미동맹의 전력이 드론 전쟁에 대한 대비 속도가 늦다면, 상대적으로 동북아 지역에서의 무력분쟁에서 어려움에 부딪힐 수 있다. 중국의 이러한 무인기 역량이 완성품이나 기술 협력의 형태로 우리의 현존위협인 북한에 제공될 개연성도 있다.

본격적인 드론 전쟁에 대비하는 중국군의 움직임에서 우리는 많은 사안을 얻을 수 있다. 성능은 세계 최고의 수준이 안 될지라도 높은 가성비로 드론의 수출시장을 석권함은 물론 더욱 빠르게 드론 전력을 강화하는 전략이 우선 크게 배울 점이다.

헬기 연구소에 무인기 연구 전담팀을 운용하여 재래식 전투력을 유무인 복합전투력으로 신속하게 전환하는 지혜도 배울 점이다. 헬기뿐만 아니라 함정, 전차, 전투기 등 모든 전쟁 수단과 전장 기능에 이러한 개념을 접목할 수 있기 때문이다.

퇴역하는 전투기를 자폭 드론으로 개조하는 발상도 전향적으로 수용해야 한다. 우리는 주변국과 비교해 보면 국력이 월등하지 않다. 그래서 우리 처지에 맞는 전력을 갖추는 전략이 필요하다. 중국군이 그러한 전략의 구사를 우리에게 보여 주고 있다.

중국의 드론 전력 강화 전략을 보면서 긴장감을 느끼고 지금부터라도 다가올 드론 전쟁을 준비해야 한다.

# 군집 드론, 미래 전장의 또 다른 창!

## 미래 전장의 판도를 바꾸는 군집 드론

군집 드론이란 여러 대의 드론을 동시에 운용하여 특정한 기능을 수행하는 드론의 운영 방식을 의미한다. 민간 영역과 군사 영역에서 군집 드론이 우리 곁에 성큼 다가왔다. 이미 실용화되고 있기 때문이다.

**DRONES: KICKING UP A SWARM**

SATURDAY, SEPTEMBER 11, 2021 **BY** INDIAN DEFENCE NEWS

*The armed forces start placing their first orders for swarm drones but the need is to ramp up R&D for indigenous prowess in these battle-defining machines*

인도 군집 드론 전력화 기사
(https://www.indiandefensenews.in/2021/09/drones-kicking-up-swarm.html)

군사 영역을 보면, 인도 육군은 세계 최초로 군집 드론 무기를 도입하여 사용하고 있다. 이 무기체계는 100대의 드론으로 구성된 군집 드론으로 50㎞ 떨어진 곳의 표적을 타격할 수 있다.

민간 영역을 보면, 북한은 2018년부터 대규모 군중 집회 행사에 군집 드론을 사용한 '드론쇼'를 선보이고 있다. 해가 갈수록 북한의 드론쇼 수준이 높아짐을 볼 수 있다.

북한 집단체조 드론쇼
('빛나는 조국' 글씨 새김)
(https://www.ppomppu.co.kr/zboard/view.php?id=freeboard&no=6045335)

우리가 군집 드론에 주목해야 하는 이유는 여러 드론에 중복해서 부여된 임무를 효과적이고 완성도 높게 수행하기 때문이다. 특정한 기능을 수행하기 위해서 소형 드론 한 대를 운용하는 효과나 성과는 미미할 수 있다. 그런데, 아무리 소형 드론이라도 특정한 기능의 수행에 수백 대나 수천 대가 동시에 운용된다면 사정은 달라진다.

군집 드론이 미래 전장의 패러다임을 바꿀 것이다. 파란색을 진한 파란색으로 바꾸는 정도가 아니라, 파란색을 아예 빨간색으로 바꾸는 근본적인 변화를 가져올 것이다.

군집 드론 관련 기술은 군사 분야에서 활발하게 연구가 진행되고 있다. 동시에 민간 영역에서의 군집 드론의 발전은 이미 우리에게 친숙해지고 있다. 흔히 '드론쇼' 또는 '드론라이트쇼'라고 불리는 여러 대의

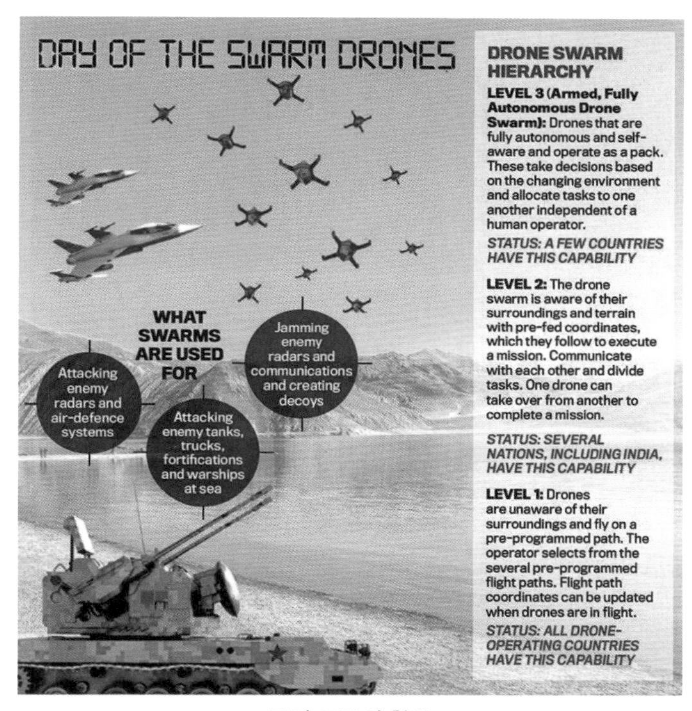


군집 드론의 활용
(https://www.indiandefensenews.in/2021/09/drones-kicking-up-swarm.html)

드론을 활용한 퍼포먼스가 요즘 자주 선보이고 있기 때문이다. 2018년 평창 동계올림픽에서 인텔이 1,218대의 드론으로 연출한 드론쇼가 대표적이다.

평창 동계올림픽 드론쇼
(https://www.kocis.go.kr/koreanet/view.do?seq=10185&RN=2)

## 군집 드론에는 어떤 기술이 적용되는가?

군집 드론이란 여러 대의 드론이 자율적으로 함께 운용되어 특별한 과업을 수행하는 드론의 집합체를 말한다. 군집 드론을 구성하는 여러 대의 개별 드론은 자율비행 알고리즘에 의해 스스로 움직이면서 과업을 수행한다.

그래서 군집 드론의 비행 모습은 마치 새 떼의 움직임 같다. 마치 수백 마리의 새 떼가 무리를 지어 날아가면서 서로 부딪히지 않는 것처럼, 군집 드론의 개별 드론은 충돌하지 않고 방향 유지를 포함하여 부여된 임무를 수행한다.

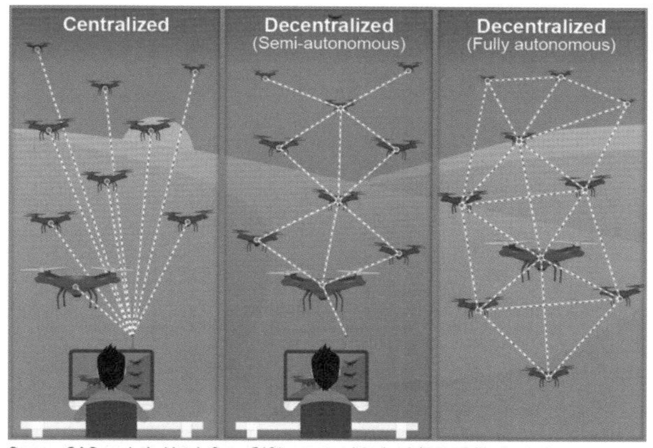

Source: GAO analysis (data). Sonar512/topvectors/stock.adobe.com (images). | GAO-23-106930

군집 드론 통제
(https://www.gao.gov/products/gao-23-106930#:~:text=Drone%20swarms%20can%20use%20various,collaborate%20based%20on%20shared%20information)

가창오리 군무
(https://www.popco.net/zboard/view.php?id=photo_gallery&no=25106)

군집 드론이 기능을 수행하려면 여러 대의 드론이 서로 충돌하지 않고 비행해야 한다. 동시에 여러 대의 드론이 협업해서 부여된 과업을 완수해야 한다. 만약 천 대의 드론으로 군집비행을 한다고 할 때, 드론

천 대를 하나하나 개별적으로 통제할 수 없기 때문이다.

그래서 군집 드론에는 세 가지의 기술이 필요하다. ① 비행경로를 자동으로 찾아 비행하는 기술 ② 설정된 임무를 스스로 판단해 수행하는 자율임무 수행 기술 ③ 여러 대의 드론을 새 떼의 움직임처럼 제어하는 군집기술이다.

여러 대의 드론에 각각 드론의 시간별 위치 정보와 경로를 사전에 설계해 입력하면, 통제 컴퓨터로부터 정보를 받아서 미리 설정된 프로그램에 따라 일정한 간격을 유지하며 비행하게 된다. 그래서 1명의 지상 운영자가 수백 대의 드론을 멀리 떨어진 곳에서 조종할 수 있다.

군집 드론의 운용을 위해서는 각각의 드론이 정확하게 위치를 인식해야 한다. 드론끼리 충돌하지 않고 정확한 위치로 이동하는 초정밀 군집비행 제어가 가능해야 하기 때문이다. 그래서 군집 드론에 필수적인 정밀 위치 인식은 RTK-GPS(Real Time Kinematics-Global Positioning System)라는 정교한 이동측위기술을 활용한다.

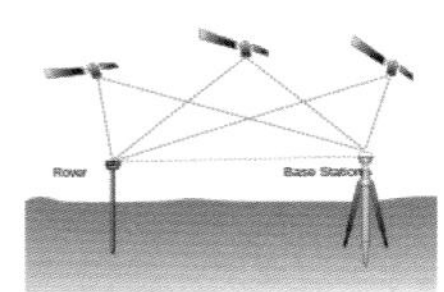

RTK-GPS 개념도
(https://en.wikipedia.org/wiki/Real-time_kinematic_positioning)

RTK-GPS 기술이란 움직이는 물체가 고정된 하나의 지점을 기준으로 상대적인 거리와 각도를 수시로 계산해 GPS로 파악한 위치 정보를 바로잡는 기술이다. 일반적으로 사용되는 GPS의 오차범위가 1m라고 하면 RTK-GPS는 0.1m가 될 수 있다.

GPS를 드론 1대의 비행에는 적용이 가능할 수 있다. 그러나 군집 드론에 적용하기에는 상대적으로 오차가 크다. 그래서 RTK-GPS 기술을 적용한다.

군집 드론은 또한 집단으로 통신하며 서로 정보를 주고받는다. 이러한 과정에서 집단지성을 활용하여 설정된 임무를 스스로 판단해서 효과적으로 과업을 수행한다.

각각의 드론은 특정 비행경로를 따르도록 사전에 프로그래밍된다. 사전에 짜인 알고리즘과 드론과 통제 컴퓨터의 실시간 상호 통신으로 방향과 위치를 정해서 비행한다. 이러한 과정을 통해 마치 새떼가 충돌 없이 날듯이 수백 대의 드론이 충돌 없이 비행한다.

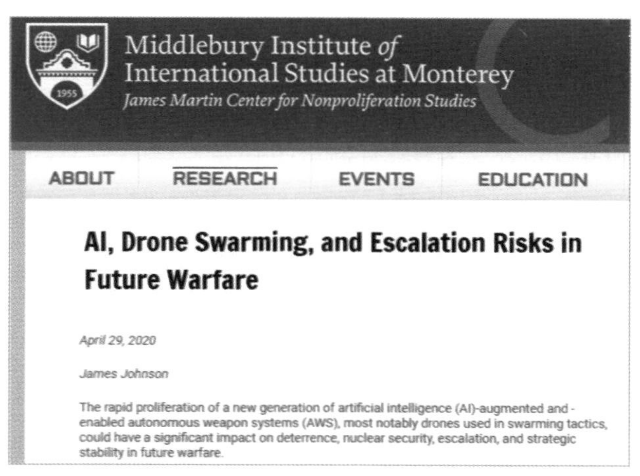


군집 드론이 미래전에 미치는 영향 연구보고서
(https://nonproliferation.org/ai-drone-swarming-and-escalation-risks-in-future-warfare/)

하루가 다르게 발전하고 있는 4차 산업혁명 기술인 인공지능(AI, Artificial Intelligence), 빅데이터(Big data), 사물인터넷(Internet of Things) 관련 분야의 혁신이 접목된다면 앞으로 군집 드론이 더 광범위하고 더 효과적으로 활용될 수 있다.

## 왜 우리 군은 군집 드론에 주목해야 하는가?

군집 드론이 앞으로 군사 분야에 접목되는 범위와 위력은 상상을 초월할 것이다. 그 이유는 대략 다음의 5가지로 요약할 수 있다.

**첫째, 중복성이다.** 군집 드론을 구성하고 있는 각각의 개별 드론은 다른 드론의 부족함이나 기능발휘의 실패를 보완해 준다. 드론 1대가 무력화되어도 나머지 드론이 임무를 재정리하거나 자체 기능을 회복하여 계속 임무의 수행이 가능하다. 군집 드론은 여러 대의 드론이 복잡한 과업을 집단으로 수행하기 때문이다.

**둘째, 자율성이다.** 군집 드론은 특별한 알고리즘과 AI를 접목하여 사람의 직접적인 통제 없이 조건의 변화에 자율적으로 반응하면서 과업을 완수한다.

**셋째, 확장성이다.** 군집 드론은 몇 대의 드론에서부터 수천 대까지 다양한 규모로 구성하여 운영할 수 있다. 모듈화된 레고와 같은 맥락이다. 그래서 대량의 드론이 한꺼번에 공격하면 전통적인 방어 수단으로는 대응이 매우 어렵게 된다.

**넷째, 높은 생존성이다.** 드론은 기본적으로 일반 항공기보다 상대적으로 탐지가 어렵다. 그래서 생존성이 높다. 군집 드론은 여러 대의 드론으로 동일 기능을 수행한다. 그래서 드론 일부가 기능이 발휘되지 않는 상황에서도 다른 드론을 통해서 기능 수행이 가능하다.

**다섯째, 엄청난 가성비다.** 군집 드론을 운용하면, 투자에 대비해서 얻는 효과가 매우 크다. 전장의 6대 기능을 수행하는 재래식 전투수단과 비교할 때 그렇다. 그래서 상대적인 약자가 상대적으로 강자에게 비대칭적으로 접근하려고 할 때 최상의 가성비를 제공하는 수단이 될 수 있다. 상대에게 대응을 준비하기 위한 엄청난 소모를 강요하기 때문이다. 인도와 대립하고 있는 파키스탄이 군집 드론에 관심을 많이 두는 이유다. 후티 반군은 사우디아라비아 정유시설에 군집 드론을 사

후티 반군 드론 공격으로 불타는 사우디아리비아의 Abqaiq 정유시설
(https://www.npr.org/2019/09/14/760837355/houthi-drone-strikes-disrupt-almost-half-of-saudi-oil-exports)

용했다.

군사작전에 군집 드론을 접목하면 전장의 6대 기능 모든 영역에서 사용할 수 있다. 공중에서 미니 군집 드론을 살포하여 표적 타격이나 감시정찰이 가능하다. 군집 드론을 구성하는 각각의 드론에 안티재밍 체계와 항레이다 체계를 장착하면 초음속 미사일을 차단할 수도 있다. 화생방 탐지시스템을 장착하여 짧은 시간에 넓은 지역에 대한 오염탐지가 가능하다.

또한 다수의 드론을 통합한 군집 드론을 운용하면 효과적으로 기존의 방공시스템을 무력화할 수 있다. 지상 무기체계에 대한 효과적인 무력화도 가능하다. 지형, 위장, 분산의 효과를 상쇄할 수 있다.

## 군집 드론 기술은 실제로 어떻게 사용되고 있는가?

### 민간 영역

민간 영역에서의 군집 드론 기술 사용은 '드론쇼(드론라이트쇼)'가 대표적이다. 2018년 스페인 바르셀로나의 스타트업 Blyant 사가 100대의 드론이 자율적으로 비행하는 시연을 최초로 보였다. 앞에서 설명한 대로 북한도 드론쇼를 한다. 우리나라의 대중적인 행사에도 드론라이트쇼가 자주 등장한다.

대테러에도 군집 드론 기술이 활용된다. 8,000명의 군중을 대상으로 군집 드론을 운용하여 누가 방사능 폭탄을 소지하고 있는지를 탐지하여 식별하는 기술도 선보였다. 방역이나 전염병 관련 고열자 탐지 등에도 충분히 활용할 수 있다.

농업 분야에서도 군집 드론의 기술을 이용하고 있다. 로봇으로 농경지의 잡초를 빠르고 효율적으로 제거하는 유럽연합(EU)의 군집 로봇 프로젝트 'SAGA(Swarm robotics for Agricultural Applications)'가 대표적이다. 사탕무 재배지를 대상으로 실험 중이다.

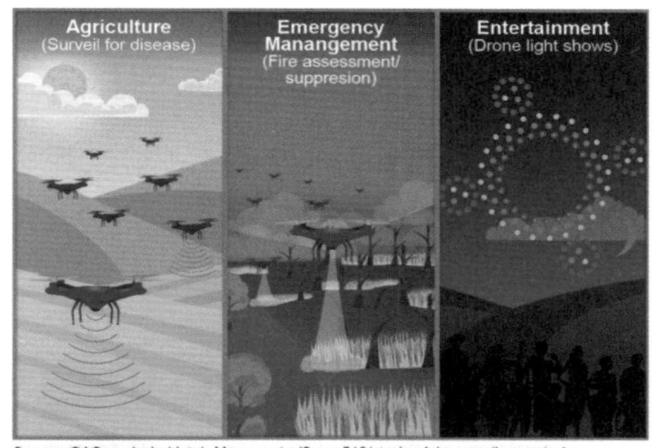

Source: GAO analysis (data). Macrovector/Sonar512/stock.adobe.com (images). | GAO-23-106930

군집 드론 민간 활용
(https://www.gao.gov/products/gao-23-106930#:~:text=Drone%20swarms%20can%20use%20various,collaborate%20based%20on%20shared%20information)

다수의 초소형 군집 드론이 수백 헥타르의 사탕무 재배지를 꿀벌처럼 날아다니면서 사탕무에 해로운 균이 기생하는 자생 감자가 어디에 집중적으로 자라고 있는지, 그 양은 얼마인지를 지도로 작성한다. 파악된 내용을 토대로 잡초 제거용 로봇에게 해당 장소를 알려 줘 제초작업을 수행하게 한다는 것이다.

군집 드론은 재난 현장에도 필요하다. 광범위한 지역에 산불이 발생했을 때 드론 한 대보다 수백 대의 드론을 동시에 날려 생존자를 수색한다면 기존 방식보다 더 짧은 시간에 더 많은 생존자를 구할 수 있다. 드넓은 지역에 설치된 가스관의 누출 탐지에 수천 대의 초소형 드론을 투입하면 훨씬 효과적으로 작업을 할 수 있다.

사회기반시설의 검사에도 군집 드론이 효과적으로 사용된다. 넓은 지역에 설치된 교량, 송전선, 파이프라인과 같은 사회기반시설에 군집 드론을 투입하면 전통적인 방법보다 더 빠르고 더 효과적으로 검사할 수 있다.

군집 드론을 활용한 풍력발전시설 점검
(https://iuk.ktn-uk.org(2021.6.25.))

같은 맥락으로 배달과 물류에도 군집 드론이 적용될 수 있다. 여러 대의 드론이 함께 운용되면 업무를 분산시키고 많은 양의 물류를 취급할 수 있기 때문이다.

### 군사 영역

군집 드론 기술이 미래 무력분쟁의 대응 과정에서 지배적인 역할을 할 것이다. 군집 드론은 수색정찰, 정찰감시, 적 부대나 시설의 타격, 수송, 지휘통신, 방호 등 전장의 6대 기능 모두에 접목할 수 있기 때문이다.

군집 드론은 넓고 험악한 지역을 빠르게 탐색할 수 있다. 적진에 추락한 조종사를 구출한다고 상정하면, 탐색구조 작전에도 효과적으로 사용될 수 있다.

군집 드론은 넓은 지역에 대해 신속한 감시정찰을 할 수 있다. 다양한 방향에서 다수의 감시정찰 표적을 동시에 추적하여 실시간 정보 제공이 가능하기 때문이다.

군사 영역에서 군집 드론의 사용은 2017년에 중동의 테러단체 IS에 대한 사이버 공격을 위해 다수의 쿼드콥터를 사용한 사례가 대표적이다. 미국은 아프가니스탄에서 알카에다와 탈레반 핵심 지도자 타격에 군집 드론을 사용했다. 튀르키예는 쿠르드 반군과의 작전에 사용했다. 나이지리아는 보코하람 반군 작전에, 이라크는 IS에, 사우디아라비아는 예멘 전쟁에 사용했다.

예멘 후티 반군의 사우디아라비아 정유시설 공격은 본격적인 군집 드론 등장의 서막이라고 할 수 있다. 2019년 9월 15일, 예멘 후티 반군 세력은 17대 이상의 드론으로 사우디아라비아의 아브콰이크 정유시설을 타격했다.

물론 이때 사용한 소형 드론을 큰 위력을 발휘할 수 있는 미사일과는 비교할 수 없다. 그러나 소형 드론을 군집으로 운용하여 상대적으로 저렴한 비용으로 군사적으로 의미 있는 타격 효과를 발휘했다. 미래전에서 드론의 군집 운용의 효용성을 보여 주는 사례이다.

4장에서 살펴본 것처럼, 이스라엘군은 요즘 가자 지구에서 로켓 발사대를 찾기 위해서 군집 드론을 활용하고 있다.

이스라엘군의 군집 드론 도입 기사
(https://defense-update.com/20210613_drone-swarms.html)

지상, 해상, 공중 영역에서의 군집 드론의 활용에 관한 연구도 계속되고 있다. 육상에서는 여러 대의 자율주행 차량이 함께 주행하는 군집주행을 연구하고 있다. 해상에서는 대형 함선을 방어할 무인 수상함 군집 드론, 수중 환경 감시와 대잠수함전을 위한 무인잠수정 군집기술에 관한 연구가 진행되고 있다.

## 어떤 나라가 어떤 군집 드론 기술을 개발하고 있을까?

미국, 영국, 튀르키예, 러시아, 인도, 이스라엘, 중국이 매우 공격적으로 군집 드론 프로그램을 추진하고 있다. 양적으로는 미국이 드론 최대 보유국이지만 드론의 제조와 국제시장으로의 확장은 중국이 선도하는 상황이다.

### 북한

북한의 군사 분야에서의 군집 드론 기술에 대한 자료는 찾을 수가 없다. 다만, 언론에 공개된 북한의 군집 드론쇼로 군집 드론 기술을 가늠해 볼 수 있다. 앞에서 이미 살펴본 것처럼, 북한의 군집 드론쇼의 수준을 볼 때 결코 가볍게 볼 사안이 아니다.

### 미국

미국은 국방 분야에서 군집 드론을 가장 많이 연구하는 국가이다. 2017년에 103대의 드론으로 군집 드론 시험을 진행했다. 최근에 미국 국방부는 군집 드론으로 정보를 수집하는 프로젝트를 약 182억 원

(1,400만 달러)에 계약했다.

미국 국방부 방위고등연구계획국(DARPA, Defense Advanced Research Projects Agency)은 2015년에 그렘린(Gremlin)이라는 군집 드론 프로젝트를 시작했다. 다음 사진과 같이 항공기에서 살포 가능한 미사일 형태의 미니 드론을 개발하였다.

미 국방부 군집 드론 프로젝트 개념도
(spectrum.ieee.org(2018.5.9.))

전투기가 항공모함에서 바다 위를 뜨고 내리듯 대형 폭격기나 수송기에서 다수의 드론이 공중에서 발진하고, 수송기로 공중에서 회수해 재사용하는 프로젝트다. 일종의 날아다니는 드론 항공모함이다. 그렇게 하면 그렘린 프로젝트의 무인기는 목표에 따라 군집을 이룰 수 있다. 그렘린 프로젝트 무인기는 회수 후 24시간 이내에 다시 사용할 수 있다. 사용 수명을 20회로 목표하고 있다.

또한 미국 해군은 LOCUST(Low Cost Unmanned Aerial Vehicle Swarming Technology)라는 저비용 군집 드론 기술을 개발하고 있다.

미 해군의 LOCUST 개발 관련 영상
(US Navy Office of Naval Research 제작 유튜브
(https://www.youtube.com/watch?v=AIgTzduM7ZU))

중국

중국은 군집 드론 비행 기네스북 기록을 갖고 있다. 2018년에 미국의 애플이 군집 드론 비행 2,066대로 기네스북에 기록되었다. 그러나 2020년과 2021년에 중국 기업에 역전당했다. 중국 기업은 2020년 9

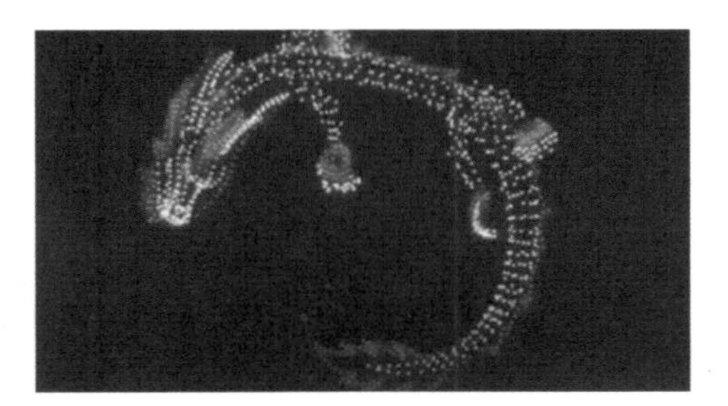

최근 Dragon Boat Festival(2023.6.22.)에서 선보인 중국 드론쇼
(https://universe.byu.edu/2023/07/05/
video-of-the-day-dragon-drone-show-in-china/)

월 3,051대, 2021년 5월 5,164대의 군집비행에 성공했다. 5,164대를 비행한 기업은 중국 선전의 가오쥬 이노베이션(Shenzhen High Great Innovation Technology Development)이다.

군사 분야에서 보면, 2017년부터 공격용 군집 드론 기술을 개발하고 있다. 회전익 군집 드론과 고정익 군집 드론 모두에서 미국을 능가하는 수준이다.

고정익 분야는 2017년에 119대로 구성된 군집 드론을 비행하여 103대로 구성한 미국을 능가했다. 회전익 분야에서 중국의 Ehang은 2018년 4월 29일에 세계최대 규모인 1,374대로 구성된 군집 드론을 비행했다.

중국은 최근에 스텔스 공격용 군집 드론을 시험하고 있는 것으로 알려졌다. 1.2m 크기의 드론이 시속 150㎞의 속도로 15㎞의 작전반경 안에서 자폭 드론의 역할을 하는 시험이다.

중국도 또 최근에 드론 무인항모인 '주하이윈(Zuh Hai Yun)'을 진수

중국 드론항모 Zuh Hai Yun
(중국국가해양국(state oceanic administration of China))

했다. 수십 대의 육·해·공 드론을 탑재하여 운용하는 무인 항공모함이다. 배수량 2천 톤에 길이 88.5m, 폭 14m의 함정이다.

2023년 8월에는 중국 공군의 J-16 전투기 2대와 무인기인 Wing Loong-2 정찰·타격드론 1대가 함께 출격해서 연습하는 모습을 시연했다. 군집 드론 운용의 한 형태이자 유무인 복합 전투기 운용을 보여주는 대목이다.

중국 유무인 전투기 복합훈련
(CCTV 캡처)

### 인도

군집 드론 기술 분야에서 인도의 약진은 주목할 만하다. 2021년 1월 육군 군사퍼레이드에서 최초로 군집 드론 75대를 선보였다. 군집 드론 발전의 핵심은 군집비행 소프트웨어인데, 인도군은 경진대회를 통해서 이 분야를 선도하고 있다.

인도 공군이 2018년에 Mehar Baba 군집 드론 경연대회를 개최했다.

이후 인도에서는 많은 스타트업이 참여하여 군사적, 인도적 목적의 군집 드론 기술을 개발하고 있다.

NewSpace Research&Technologies 사는 2018년 경연대회 우승팀이다. 이 회사는 인도 육군으로부터 약 195억 원(1,500만 달러) 규모의 군집 드론 전력화를 수주했다. 이 회사의 군집 드론은 100대로 구성되어 높은 고도와 기상의 악조건에서 시속 100㎞로 비행하여 50㎞ 떨어진 곳의 다수의 표적을 타격할 수 있는 수준이다. 2021년에 인도 육군에 납품되었으며, 세계 최초로 공격용 군집 드론 시스템이 도입된 셈이다.

인도군에 납품된 군집 드론
(인도 National Affairs 유튜브 캡처
(https://youtu.be/9GrnzQyzzJs?si=VAPRo5AzGySNTWmR))

인도 육군은 이 군집 드론을 기계화부대에 배치하여 정찰과 공격 임무에 운용하는 것으로 알려졌다. 이 군집 드론은 폭탄을 장착한 상태에서 표적 지역으로 비행하여 적의 기갑부대, 포병 진지, 보병 벙커 등의 공격에 사용된다.

### 기타

프랑스는 보르도에서 군사용 군집 드론을 시연했다. 자동소총을 장착한 4대의 드론이 괴한 2명을 추적하여 타격하는 방식이었다. 러시아는 6세대 전투기와 군집 드론 운용을 결합하는 기술을 개발하고 있는 것으로 추정된다. 영국도 군집 드론의 공격 기술을 개발 중이다. 이란은 후티 반군이 사우디아라비아 정유시설을 공격한 군집 드론의 실질적인 운용자로 알려져 있다.

## 우리의 상황과 정책제언

우리나라도 민·관·군 영역에서 군집 드론 기술을 개발하고 있다. 한국항공우주연구원은 10년 전인 2013년에 군집 드론 기술을 개발했다. 일부 국내 기업은 군집비행에 필요한 드론 조종·제어 기술과 실시간 통신 기술, 네트워크 RTK-GPS 시스템을 구축하여 드론쇼를 하고 있다.

민간 영역을 보면, 군집 드론을 이용한 우리나라의 드론라이트쇼는 수준급이다. 최근에는 콘서트, 광고, 관공서 행사, 기념식 등 다양한 분야에서 활용되고 있다.

다음 사진은 2023년에 서울시가 주관하여 한강에서 진행하는 드론라이트쇼 관련 포스터와 드론쇼 모습이다.

서울시가 주관하는 한강 드론라이트쇼(서울시 공식 블로그)

지자체도 다양하게 드론라이트쇼를 활용한다. 다음 사진은 고흥군이 소록대교에서 하는 드론쇼이다.

고흥군 드론쇼(고흥군청 홈페이지)

군사 분야에서도 군집비행과 관련된 연구가 수행되고 있는 것으로 알고 있다. 하지만 다른 나라와 비교해서 어느 정도의 수준인지, 인도처럼 이미 무기화되어 있는지, 무기화를 위한 군의 자체 계획이 있는지는 알려진 바가 없다.

미래 전장의 또 다른 창이 되어 전장의 판도를 바꿀 군집 드론과 관련하여 몇 가지 정책제언을 제시해 보면 다음과 같다.

**첫째, 국방 군집 드론 전략의 수립이 필요하다.** 관련 전략은 창과 방패의 영역으로 구분할 수 있다. 창의 영역에서는 우리 군이 앞으로 공격용 군집 드론 체계 개발의 방향을 어떻게 설정해야 하는가의 영역이다.

군집 드론의 크기, 생존성 보장, 전통적·비전통적 위협에 대응하기 위해 어떤 형태의 드론들로 구성할 것인가를 결정해야 한다. 군집 드론이 앞으로 더 많은 영역을 담당하고 정확도를 높이며 안전성을 증가시킴은 물론 단일 드론 작전보다 더 개선된 융통성을 제공할 수 있기 때문이다.

방패의 영역에서는 우리가 군사적으로 대응해야 할 적의 군집 드론 역량에 어떻게 대응해야 하는가의 영역이다. 군집 드론이 운용되면 현재의 대공방어 시스템을 포함해서 현재의 대응 체계로는 효율적으로 대응이 제한된다. 적의 군집 드론 대응 체계와 관련된 기술도 병행해서 발전시켜야 한다.

**둘째, 군집 드론 관련 역량의 구축에 대한 구성원의 공감대 형성 노력을 해야 한다.** 군집 드론이 미래 전장의 또 다른 창이 될 것이다. 그런데 우리 군의 구성원들이 여기에 공감하지 않으면 효과적인 대응 역량을 갖추기가 어려워진다.

미래 전장은 매우 경쟁적이고 치명적일 것이다. 그래서 변화하는 기술과 전쟁 수행 개념에 조응할 수 있도록 선제적으로 대비해야 한다. 하지만 이러한 대응도 결국은 사람이 한다. 그래서 구성원의 공감 형성이 중요하다.

**셋째, 군집 드론 기술을 접목할 수 있는 soft power 측면의 토대를 만들어야 한다.** 군집 드론 기술은 그동안 가 보지 않은 새로운 영역이다. 그래서 관련 법규나 교리, 절차, 운용 개념 등이 없다. 이 모든 것을 새롭게 만들어야 한다.

진화하는 군집 드론 기술을 접목할 수 있도록 우리 군의 교리, 개념, 능력의 현재 상태를 검토해야 한다. 이러한 과정을 통해서 soft power 측면에서 채워야 할 소요를 내야 한다. 진단이 우선되어야 처방할 수 있다.

**넷째, 군집 드론 관련 외부 생태계와 협업해야 한다.** 군집 드론을 도전적으로 군에 도입하는 인도의 사례와 접근 전략을 참고해야 한다. 인도는 미국과 협력하여 군집 드론 기술을 개발하고 있다. 양국의 국방협력 체계인 the 2 Plus 2 Defence Technology and Trade Initiative(DTTI) 트랙을 활용하고 있다.

인도는 또 민간의 스타트업과 협업하여 군집 드론을 개발하고 있다. 군집 드론의 무기화에 이어서 최근에는 Air Launched Flexible Asset-

미국·인도 DTTI
(https://www.acq.osd.mil/ic/docs/dtti/
DTTI-Initial-Guidance-for-Industry-July2020.pdf)

Swarm(ALFA-S)이라는 1~2m 크기의, 항공기나 헬기에서 발진 가능한 군집 드론을 개발하고 있다.

**다섯째, 군집 드론 기술의 제한사항이나 도전과제의 식별과 대응도 함께 해야 한다.** 군집 드론 기술은 군사적인 측면에서도 엄청나게 유용한 기술이다. 그런데 여기에도 제한사항과 도전요소가 있다.

안전이 확보되어야 한다. 군집 드론을 구성하는 개별 드론과의 통신의 안정성과 신뢰성 확보, 견고한 충돌방지 체계 발전 등이 여기에 해당한다. 재밍이나 GPS 지원이 제한되는 상황에서는 운영이 어렵다. 이에 대한 극복방안도 함께 발전되어야 한다.

지금까지의 내용을 정리해 보면, 군집 드론 기술은 군사 분야에서도 이제는 선택이 아니라 필수 영역이다. 그래서 군집 드론 기술 발전의 흐름에 따라가지 못하면 미래의 전통적, 비전통적 위협에 취약한 군대가 될 것이다.

군집 드론 기술의 잠재적인 쓰임새는 엄청나다. 블록체인 기술과 AI를 접목하고 여기에 통신과 센서 관련 기술이 발전되면 군집 드론은 더 어려운 환경에서 더 복잡한 과업을 수행할 수 있을 것이기 때문이다.

군집 드론의 군사 분야 접목은 꿈이 아니다. 우리도 지금부터 서두르면 된다.

5장

# 우리는 어디로 가야 하는가?

## 우리나라 드론산업의 현주소와 정부의 노력

드론 분야의 발전을 위한 정부의 노력은 2017년부터 본격화되었다. 우리나라 드론산업이 매년 100% 이상 성장하고 있지만, 세계 드론 시장의 규모와 비교하면 아직도 갈 길이 멀다.

정부는 드론산업을 육성하여 4차 산업혁명을 선도하는 신성장동력을 창출하기 위해서 2017년에 '제1차 드론산업발전 기본계획'을 수립하여 관련 정책을 추진해 왔다. 국내 드론산업 발전을 위해 정부가 정한 추진전략은 '사업용 중심의 드론산업 생태계 조성', '공공수요 기반으로 운영시장 육성', '글로벌 수준의 운영환경 및 인프라 구축', '기술경쟁력 확보를 통한 세계 시장 선점'이었다.

드론산업 생태계 조성의 목표는 사업용 드론 특화로 국내외 시장 점유율을 2배 이상으로 높이고 융합 생태계 조성을 통한 세계 10위권 강소기업 육성이었다. 공공수요 기반으로 운영시장을 육성하는 목표는 공공수요 3,500억 원을 창출하여 초기 시장 성장 동력을 확보하고 조달

혁신과 민관협력으로 국산 도입률을 90%까지 성장시키는 것이었다.

글로벌 수준의 운영환경과 인프라 구축은 미래 유무인 통합공역 운영, 드론 교통체계(UTM, Unmanned aerial system Traffic Management) 정립, 스마트 드론 관리시스템 및 세계 최고 수준의 인프라 구축, 100만 드론 시대에 대비한 드론 안전 체계의 확립이었다. 기술경쟁력 확보를 통한 세계 시장 선점은 글로벌 TOP 5 진입을 위한 핵심·실용화 기술을 개발하고 시장 확대에 대비한 전문인력의 양성과 해외 진출의 지원이 목표였다.

2023년 6월에 발표된 '제2차 드론산업발전 기본계획(2023~2032)'에서 정부가 평가한 지난 5년 동안의 정책 추진 성과는 다음과 같다. 드론산업계 지원이 다양하게 이루어졌다. 정책금융을 활용한 기업지원으로 강소기업을 육성, 실증도시·특별자유화구역 등을 통한 사업화 연계, 박람회 개최 등을 통한 드론 활용확산 유도 및 활용시장 확대 등을 추진하였다.

강소기업을 위해 2,011억 원이 정책금융으로 지원되었다. 25개 지자체에서 드론 실증도시 사업을 진행했으며, 60개 분야에 드론 규제샌드박스가 적용되었다. 15개 지자체, 33개 구역을 드론 특별자유화구역으로 지정했다. 드론의 활용을 확산하기 위해서 공공분야 드론 경진대회, 드론 박람회, 무인이동체 엑스포 등을 개최하였다.

제도정비도 활발하게 진행되었다. 정부는 2019년 10월에 '드론 분야 선제적 규제 혁파 로드맵'을 마련하여 드론 조종 자격, 등록기준, 보험

제도 등 안전 운용기준을 마련하였으며, 비행 특례 적용 확대 등 규제 완화를 통한 비행 활성화 여건을 조성하였다. 관련 인프라 구축 노력도 계속되었다. 드론 연구·개발, 조종 교육, 자격시험 등 11개 인프라를 구축하고 실증공역이 확대되었다.

기술개발 면에서는 무인이동체 미래선도핵심기술개발, 무인이동체 원천기술개발 등 2017년부터 2021년까지 1조 8,242억 원을 투자하여 5,279개 연구과제가 수행되었다. 인력양성 면에서는 조종자 1,162명, 교관 130명, 임무 특화 1,160명이 양성되었고 무인비행장치 전문인력 양성사업, 국토교통 DNA+ 융합기술대학원 육성사업, 육해공 무인이동체 혁신인재 양성사업 등이 추진되었다.

정부의 이러한 노력으로 지난 5년 동안 국내 드론 시장은 매출액 기준으로 4.2배 정도 성장했다. 2017년 매출액이 1,999억 원이었던 국내 드론 시장은 2021년에 8,406억 원 규모로 늘어났다.

국내 드론 시장의 규모를 세계 시장과 비교해 보자. 세계 드론 시장의 규모는 2021년 기준으로 32조 원이다. 세계 드론 시장에서 국내 드론 산업이 차지하는 비중은 2.6% 수준이다. 세계 10위 정도의 경제 규모를 가진 우리나라의 수준과 비교해 보면 매우 낮다.

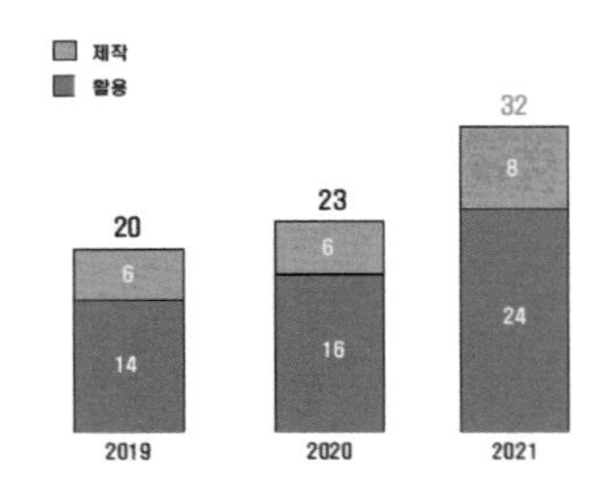

세계 드론산업 규모(2021, 조 원)
(제2차 드론산업발전 기본계획 (2023~2032))

정부는 우리나라 드론산업이 세계적인 경쟁력을 아직 갖추지 못한 이유를 국제 경쟁력을 갖춘 대표기업이 아직 없고, 기술 발전 속도에 맞게 규제개선이 충분히 되지 않았으며, 관련 인프라와 전문인력이 부족하기 때문이라고 평가하고 있다.

우리나라 드론산업의 현주소를 좀 더 살펴보자. 국내 드론 제작시장은 2021년 기준으로 3,520억 원 규모이다. 드론을 제작하는 기업의 연평균 매출액이 평균 1.7억 원으로 대부분 기술 투자가 어려운 영세업체이다. 무게가 2kg 이상으로 등록된 드론의 64.7%가 외국에서 생산된 기체이며 이중 중국 DJI에서 생산한 드론이 무려 90.4%를 차지하고 있다.

드론의 활용 분야는 주로 농업, 방제, 촬영과 레저 분야이다. 드론에 관한 관심이 높아지면서 드론 조종사의 숫자가 급격하게 증가하는 점이 흥미롭다. 우리나라 드론 관련 기술 수준을 보면, 미국 대비 무인 자율 비행체 기술 수준이 2020년 기준으로 80% 수준이며 기술격차는 약 3.5년으로 평가된다.

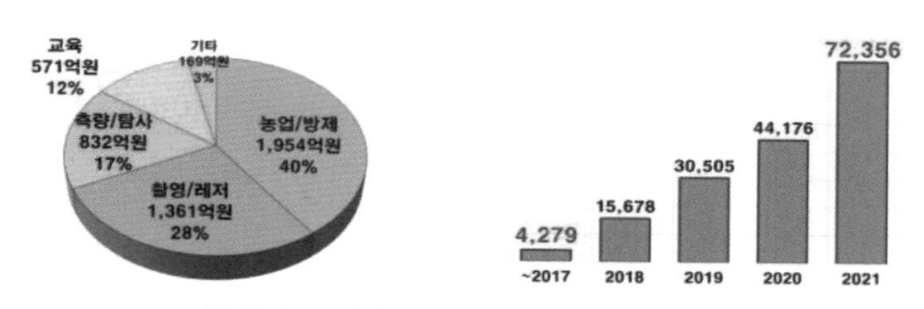


드론 활용 분야와 드론 조종 자격증 증가 현황
(제2차 드론산업발전 기본계획(2023~2032))

세계 드론산업의 시장 규모가 2032년에 146조 원까지 성장하면서 미국과 중국의 시장 비중이 점차 낮아지고 중동·아프리카·남미 등 신흥 드론산업 강국의 시장 비중이 점차 높아질 것으로 정부는 전망하고 있다.

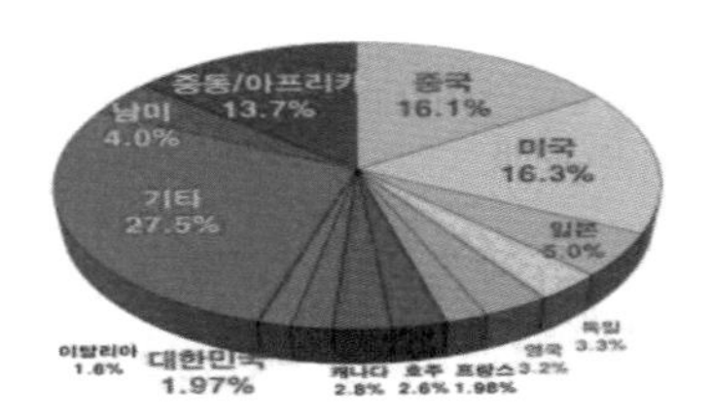

국가별 드론산업 규모(2032년 추계)
(제2차 드론산업발전 기본계획 (2023~2032))

우리나라 드론산업은 연평균 14.9% 수준으로 성장하여 2032년에 세계 시장의 2% 규모로 성장한다고 보고 있다.

세계와 국내의 드론산업에 대한 평가를 토대로 정부는 우리나라 드론산업이 새로운 발전전략을 모색할 시기로 판단하고 있다.

관련 법에 따라 매 5년 단위로 수립되는 '제2차 드론산업발전 기본계획(2023~2032)'이 2023년 6월 30일에 발표되었다. 정부는 '과감한 기술혁신과 끊임없는 규제개선을 통해 드론 활용의 확산과 생활편의 제고 및 글로벌 기술 선도'를 새로운 비전으로 설정하였다. 이 비전을 구현하기 위한 기본 방향은 '드론의 폭넓은 활용을 뒷받침하는 법·제도·인프라 기반 강화', '신기술 개발, 제작·활용산업 지속 육성 등 드론 강국 재도약', '일상생활 속 드론의 편리함을 느낄 수 있는 기반 마련'의 3가지다.

정부가 정한 세부 과제는 드론 교통관리시스템 등 도심 비행 환경 조성, 드론 배송서비스 기반 마련과 규제 정비, 부품 국산화 및 선진국과 기술격차 축소, 기업체감형 지원 확대, 드론 레저문화 확산으로 신시장 창출, 해외 진출 지원, AI 융합·자율 비행 등 R&D 통합 추진, 자율비행 인프라 고도화, 맞춤형 미래 전문인력 양성 등이다.

정부는 이러한 정책의 추진을 통해 2032년까지의 직·간접적인 생산 유발 효과는 29.1조 원, 부가가치 유발효과 11.7조 원, 드론 관련 산업의 취업유발 효과는 19.3만 명이 될 것으로 예측하였다.

## 국내 드론쇼

필자는 국내 드론산업의 현주소를 보기 위해서 2023년에 부산에서 개최된 '드론쇼 코리아'에 가보았다.

올해로 7년째를 맞는 '드론쇼 코리아'가 2023년 2월 23일부터 25일까지 부산 엑스포에서 열렸다. '드론쇼 코리아'는 우리나라는 물론 아시아 최대 규모의 드론 종합전시회이다. 전시, 포럼, 공연, 체험 등 다양한 프로그램을 통해 현재와 미래의 드론산업이 현재와 미래의 핵심 산업으로 발돋움하는 데 핵심적인 역할을 하는 플랫폼이다.

부산의 벡스코 1전시장에 마련된 전시장에 가 보았다. 제조, 활용산업, 부품과 기술, 서비스 등 드론과 관련된 모든 산업영역에 대해 국내외 기업체, 정부 기관, 지방자치단체, 학교 등이 170여 개 부스에서 전시관을 운영하고 있었다.

제조 분야에는 드론뿐만 아니라 군수, UAM/AAM(Urban Air Mobility/Advanced Air Mobility), 측량, 매핑(mapping), 소방, 스테이션, 무인 로

봇, 레저, 방송 등의 영역이 전시되고 있었다. 드론을 활용한 산업 분야에서는 활용산업으로 촬영, 방제, 공간정보, 물류, 재난관리, 보안, 정찰, 건설, 심해탐사 등을 살펴볼 수 있었다. 부품과 기술 분야는 통신, 지상관제, 자율비행, 시스템 및 소프트웨어 기술, 연료전지, 센서, 모터, 배터리 등의 부스가 마련되어 있었다. 여기에 교육, 금융, 렌탈, 보험, 투자컨설팅 등의 서비스 영역도 함께하고 있었다.

2023 드론쇼 코리아 행사장

전시 현장에는 기업 관계자들은 물론 군인, 경찰, 소방관 등 제복을 입은 사람들이 많이 눈에 띄었다. 정부 관계자, 지방자치단체, 연구소, 학교에서 온 사람들의 발걸음도 분주해 보였다.

전시장을 나오면서 나의 눈에 비친 벡스코 1전시장에 대해 세 가지로 정리해 보았다.

**첫째, 내가 본 전시장은 커다란 하나의 학습장이었다.** 민, 관, 군, 산, 학, 연이 참여하여 드론의 현재와 미래로 가는 방향을 한꺼번에 보여주고 있었다. 전시 부스별로 질문하고 답하는 사람들의 모습이 사뭇 진지해 보였다. 보고, 듣고, 말하고, 만지고, 고개를 끄덕이는 사람들의 표정과 행동에서 배움의 결실을 볼 수 있었다.

드론쇼 전시장의 현역 군인들

**둘째, '드론쇼 코리아'는 많은 사람에게 도전과 기회의 장소였다.** 규모가 큰 기업은 물론 중소기업과 벤처 기업이 한자리에 모여 있었다. 규모가 작아 보이는 기업 전시관의 열기는 상대적으로 뜨겁게 느껴졌다. 드론을 제작하는 한 중소기업 대표는 "우리의 기술로 드론 분야를 선도해 나가기 위해 매일 밤잠을 설치며 뛰고 있다."라고 열정에 찬 목소리로 전시된 드론을 설명해 주었다.

**셋째, 드론이 견인해 가고 있는 산업생태계는 5G, AI, IOT, VR/AR 등 미래 산업 전반으로 확장되고 있음을 실감할 수 있었다.** 드론으로 연결되는 현재와 미래의 산업영역은 우리의 생각을 이미 초월하고 있었다.

전시장을 떠나면서 여전히 내 마음 한구석에 아쉬움이 남아 있다. 이러한 새로운 기술을 국방의 현장에 접목하는 속도가 너무 느리다는 아쉬움이다. 국방 분야에서 드론을 포함한 4차 산업혁명 기술을 군에 적용하기 위한 정책적 조치를 많이 해 본 개인의 기억이 남아 있어서일 것이다.

그러면 무엇을 어떻게 해야 할까? 반복되는 얘기지만, 문제해결의 열쇠는 관료주의와 조직 이기주의 극복에 있다고 생각한다.

군의 영역은 창과 방패의 대결의 연속이다. 그런데, 4차 산업혁명 시대 창과 방패의 대결은 속도가 관건이다. 책임을 먼저 생각하여 새로운 일의 시도를 주저하는 관료주의가 속도 발휘를 막고 있다. 새로운 시도가 자신이 속한 영역과 기득권에 조금이나마 악영향을 줄지를 먼저 따지는 조직 이기주의가 속도 발휘를 막고 있지 않은지 의구심이 든다.

이 두 가지 걸림돌을 극복해야 드론이 만드는 기회의 창을 국방 영역에서 잡을 수 있을 것이다. 정부, 국회, 국방정책의 당국자들이 다시 한 번 관료주의와 조직 이기주의 극복에 대해 생각해 보길 국민의 한 사람으로서 소망해 본다.

## 국방 분야의 노력

우리나라의 국방 분야도 드론이 여는 새로운 세계를 선도하기 위해서 다양한 노력을 하고 있다. 그러나 빠르게 진화하는 드론 관련 기술의 발전을 군사 분야에 접목하는 속도는 충분해 보이지 않는다.

정부의 '제2차 드론산업발전 기본계획(2023~2032)'에 의하면 국방 관련 기관이 보유한 드론은 총 2,159대이다. 아래 표에서 보듯이 전체 국가기관이 보유한 드론 총 3,925대 중에서 국방 관련 기관은 55%를 차지하고 있다. 참고로 지방자치단체의 전체 보유 드론은 1,756대이며, 공공기관이 보유한 드론은 총 1,740대이다.

국가기관 드론 보유 현황
(제2차 드론산업발전 기본계획(2023~2032))

| 기관 | 보유(대) | 기관 | 보유(대) |
|---|---|---|---|
| 경찰청 | 116 | 교육부 | 384 |

| 국방부(육군) | 1755 | 국방부(해군) | 109 |
|---|---|---|---|
| 국방부(공군) | 295 | 농림축산식품부 | 230 |
| 산림청 | 282 | 소방청 | 314 |
| 해양수산부 | 135 | 국토교통부 | 85 |
| 기타 | 97 | | |

2022년 12월 북한 소형 드론의 서울 상공 침입 이후에 국방부는 북한의 드론 위협에 대응하기 위해서 우리 군에 드론 전담 부대를 창설했다. 국방과학연구소에서는 침투한 북한의 드론과 유사한 정찰용 소형 드론을 긴급 구매한다고 밝히기도 했다.

국방부는 장관 소속으로 드론작전사령부를 창설하였다. 이를 위해 2023년 6월 27일에 '드론작전사령부령'이 공포되었다. '드론작전사령부령'에 명시된 드론작전사령부의 임무는 '적 무인기 대응을 위한 탐지·추적·타격 등 군사작전', '전략적·작전적 수준의 감시·정찰·타격·심리전·전자기전 등 군사작전', '드론 작전에 관한 전투발전', '그 밖에 드론 작전과 관련된 사항' 등이다. 드론작전사령관에게는 드론작전상·재해상 긴급조치가 필요한 경우 다른 부대를 일시적으로 지휘·감독할 수 있는 권한도 부여됐다. 2023년 9월 1일 경기도 포천시에서 창설되어 출범하였다.

국방과학연구소는 북한 소형 드론의 서울 영공 침범과 관련해 소형 정찰용 드론의 구매를 추진했다. 한 대의 가격이 3,000만 원 정도 하는 소형 드론 100대를 확보하기 위해 민간업체에 제작을 요청하는 공고를 냈다. 언론 보도에 따르면, 국방과학연구소가 요청한 소형 드론의 규격은 비행체 전폭 3m 이하, 전장 2m 이하, 중량은 연료를 포함하여 17 kg 이하이다.

총 100대가 제작되는 소형 정찰 드론은 새롭게 창설된 드론작전사령부에 인계될 예정이다. 북한이 소형 드론으로 영공을 침범하면 이번에 제작된 소형 정찰용 드론을 북쪽에 침투시킬 계획인 것으로 알려졌다.

드론 관련 국방정책의 출발점은 국방부의 정책 주안인 '국방혁신 4.0'이다. '국방혁신 4.0'은 정책 추진의 중점을 5가지로 정하고 있는데, 그 중에 세 번째 중점이 'AI 기반의 무인·로봇 등 첨단 유·무인복합전투체계 확보'다. 이를 위해 국방부는 2022년에 수립된 '국방 무인체계 발전계획'을 기본으로 주파수, 보안, 공역통제 등 필요한 기반을 조성하고 육·해·공군으로 구분하여 시범부대를 지정, 검증하면서 단계화하여 추진하고 있다.

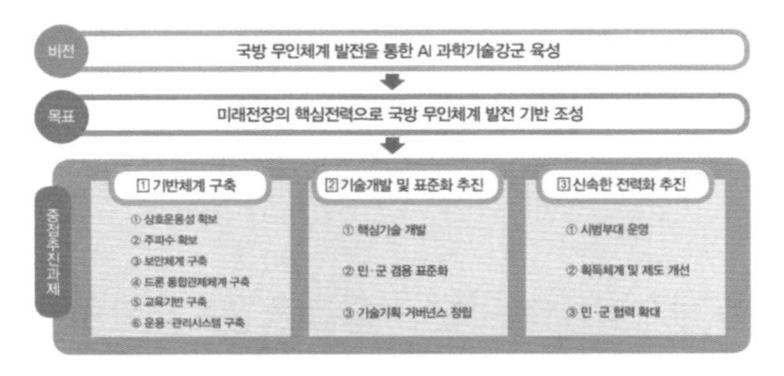

(「국방무인체계 발전계획」, 「2022 국방백서」)

각 군별 전력화 시범부대와 내용은 다음 그림과 같다. 육군은 25사단에서 무인전투차량, 정찰 및 공격 드론 등을 활용한 지상 전투를 실험한다. 해군은 5전단에서 수중자율기뢰탐색체 등을 소해함과 연동하여 복합기뢰제거작전을 실험하며, 공군은 제20전투비행단에서 전투기와 연동한 무인편대기 운영을 실험한다. 해병대는 1사단에서 미래 상륙작전 실험을 위해 유·무인복합 상륙형 돌격 장갑차, 다목적 무인차량 등을 시범운용한다.

각 군별 무인전투체계 시범부대와 내용
(『2022 국방백서』)

국방부는 국가 차원의 드론산업 발전을 위한 민·관·군 협력체계 구축 노력도 병행하고 있다. 협력체계가 구축되면 드론을 군에 도입하는 노력도 촉진할 수 있고 국가의 드론산업 발전에도 이바지할 수 있기 때문이다. '민군 드론·로봇 실증시험장'을 유휴 군 훈련장에 조성하여 민간에 개방하는 사업과 중앙부처의 드론·로봇 실증사업에 군을 테스트

베드(Test bed)로 제공하는 사업이 대표적인 민·관·군 협력체계 구축의 모습이다.

드론 분야의 방위산업 경쟁력 강화 조치도 함께하고 있다. 2022년 7월에는 대전광역시를 드론특화형 방산혁신클러스터로 지정했다. 드론 산업의 혁신성장 생태계를 조성하여 미래 드론 시장을 선점하려는 조치였다.

육·해·공군도 군 차원에서 드론이 이끄는 새로운 창과 방패의 싸움에서 뒤지지 않기 위해서 열심히 대응하고 있다. 육군, 해군, 공군, 해병대는 이미 다양한 분야에서 드론을 운용하고 있다. 교육기관에서도 아직은 초보 수준이지만 드론 활용이 증가하고 있는 것으로 알고 있다. 드론 전문가 확보를 위해 드론 특기를 새롭게 만들어서 병사와 부사관을 모집하고 있다. 부대별로 드론 전문가 양성을 위한 교육프로그램과 훈련장도 운영하고 있다. 하지만, 드론이 전장 6대 기능에 활발하게 접목되어 실질적인 유무인 복합전투체계가 구축되지는 못하고 있는 듯하다. 전방위적으로 드론을 접목한 교육훈련도 아직은 충분히 성숙되어 보이지 않는다.

### 육군

육군이 제일 먼저 조직 전체의 차원에서 드론의 군사작전 접목을 시도했다. 육군이 드론을 군사작전에 접목하기 위해 사용한 프로그램의

명칭은 '드론봇전투체계'였다. 드론을 전장 6대 기능에 접목하여 유인 전투수단과 무인 전투수단을 효과적으로 활용하여 성공적으로 임무를 달성하기 위해 이러한 혁신적인 접근을 시도했다. 전력화 시기 지연을 포함해서 전체적으로 드론이 실제 육군의 군사역량으로 탈바꿈하는 속도는 충분하지 않다. 그러나 육군 리더십의 의지와 구성원의 공감과 참여는 매우 희망적이다.

육군의 '드론봇전투체계'는 유무인 복합전투체계 기반의 Army TIGER 4.0(Army Transformative Innovation of Ground forces Enhanced by the 4th industry Revolution technology)이라는 싸우는 개념의 중요한 구현 수단이다.

육군은 현상의 진단과 드론의 군사 분야 접목 필요성을 포함한 '드론봇전투체계'의 논리를 우선 정립했다. 이어서 드론을 활용한 작전 수행의 개념을 정립하였다. 새롭게 정리한 개념을 토대로 조직을 편성하고 무기 구매 소요를 산정하고 관련 예산을 편성했다. 그러나 조직 리더십의 변화, 자군 이기주의를 포함하여 혁신을 수용하기 쉽지 않은 우리 국방의 조직 문화, 국내 기술의 불충분한 성숙도 등의 장애물이 '드론봇전투체계'의 속도감 있는 추진에 많은 영향을 주었다.

많은 걸림돌에 부딪히면서도 육군은 '드론봇전투체계'의 구축을 위해서 노력했다. 조직 전체의 공감을 형성하기 위한 다양한 노력이 계속되었다. 육군교육사령부를 중심으로 관련 전투 수행 개념을 정립했다. 드론봇전투단을 포함하여 관련 조직도 편성했다. 무기 확보를 위한 로드맵(road-map)을 완성한 후 소요를 제기하고 예산을 편성했다.

'드론봇전투체계'의 속도는 만족스럽지 못하다. 그러나 육군 구성원 모두에게 혁신의 의식을 심어 주고, 4차 산업혁명 시대에 걸맞은 군사 작전 수행 개념을 고민하고 모색해 보는, 혁신의 좋은 씨앗이 되었다. 육군의 '드론봇전투체계'는 비록 속도는 충분하지 않지만 이미 준비된 계획에 따라 꾸준히 앞으로 나아가고 있는 것으로 알고 있다.

유인과 무인 전투체계를 통합하기 위해서 전장 기능별로 드론을 활용하는 접근을 하고 있다. 전장의 6대 기능 중에서 드론이 가장 활발하게 접목되고 있는 분야는 '정보' 기능이다. 육군은 대대급까지 정찰 드론을 운영하고 있다. '화력' 기능에 드론을 접목하는 노력도 활발하다. 대표적인 드론이 자폭 드론, 공격 드론, 소총 드론 등의 개발과 활용이다.

'기동', '방호', '지휘통제통신', '전투근무지원(작전지속지원)'의 기능에도 드론을 접목하는 시도가 계속되고 있다. 대표적인 사례가 수송용 드론이다. 이미 30kg 이상의 중량을 운반할 수 있는 수송용 드론을 도입하고 있다. 교육훈련용 드론의 활용 증가도 주목할 분야이다. 드론 활용이 가장 활발한 분야 중

강원도 화천군 일대 전투지휘훈련장에서 전개한 군수품 수송 드론
(『국방일보』(2022.5.18.))

하나가 육군과학화훈련장의 드론을 접목한 훈련이다.

### 해군과 해병대

해군도 최근에는 4차 산업혁명 기술을 접목한 스마트한 해군이 되기 위한 프로그램을 조직 차원에서 체계적이고 열정적으로 추진하고 있다. 4차 산업혁명 기술을 접목한 해군의 도약 계획은 'SMART Navy'이다.

'SMART Navy'를 추진하여 유무인 복합전투체계를 갖추기 위해서 해군과 해병대는 무인항공기(UAV), 무인수상정(USV, Unmanned surface vessel), 무인잠수정(UUV, Unmanned underwater vehicle) 등 다양한 분야에서 드론을 개발하고 있을 것으로 추정이 된다.

해군과 해병대도 여러 분야에서 이미 드론을 운용하고 있다. 시설의 경계와 방호에 드론을 적용하고 있다. 일부 부대에서 경계감시용 드론 시스템을 시범적으로 운영하고 있다. 고정된 해군기지의 방호는 물론 해군이 담당하는 항만을 포함한 국가 중요시설의 경계와 상황 조치에 드론을 활용하는 계획을 하고 있다.

군사작전의 현장에서도 해군의 드론 사용은 확대되고 있는 것 같다. 해군 특수부대가 정찰 임무를 수행하는 데 드론이 이미 활용되고 있는 것으로 알고 있다. 언론 보도를 보면, 해군특수전전단 해난구조전대(SSU, Unmanned underwater vehicles)가 해상에서 탐색구조훈련을 할 때도 이제는 해상드론을 활용한다. 2022년 9월의 훈련 상황을 보면,

90분 이상 운용 가능한 해상드론을 투입하여 조난자를 탐색하여 식별한 후 구명환과 위치표시장치를 투하하는 모습을 볼 수 있다.

조난자 탐색구조훈련
(『국방일보』(2022.9.29.))

해군의 드론 전문가 양성을 위한 노력도 병행되고 있다. 2021년에 정부가 인정하는 공식 드론 전문기관이 된 '해양무인체계 교육센터'에서 무인체계와 관련된 교육을 하고 있다.

삼면이 바다인 우리나라의 지리적인 특성을 고려할 때 드넓은 바다를 수호해야 하는 해군에게 드론이야말로 가장 효과적인 수단의 하나라고 생각한다. 항공모함과 같은 대형 전투함정을 운영하여 얻는 효과도 아주 높다. 항공모함을 보유한 해군은 국력의 상징이며 전략적인 억제 수단이 될 수 있다. 그러나 대한민국의 국력을 고려하면 드론과 같은 무인전투체계가 해군작전 수행에 더 높은 가성비를 줄 수 있다.

원활한 실습 교육을 위해 드론과 부품을 정비하는
해양무인체계 교육센터 교관들
(『국방일보』(2022.7.13.))

## 공군

공군은 육군보다 한발 늦게 드론의 접목을 시도했다. 그러나 스마트 공군기지 운영 시범사업을 중심으로 지금은 가장 활발하게 드론을 실제 임무 수행에 적용하고 있는 것으로 보인다.

공군의 비전문서인 「공군 비전 2050」에서도 국방부의 정책 방향과 같게 유무인 복합 전투체계 구축을 강조하고 있다. 제20전투비행단에서 실험하고 있는 전투기와 연동한 무인편대기 운영도 그러한 맥락의 일환이다. 개발을 완료하여 실전 배치를 앞둔 차세대 한국형 전투기도 궁극적으로는 유무인 전투기의 복합 운영을 계획하고 있다.

공군은 기지의 경계작전에 드론을 효과적으로 사용하고 있다. 2018

년에 이미 드론을 활용한 방공기지의 경계와 감시체계 구축 방안을 모색해 왔다. 지금은 공군의 '지능형 스마트비행단' 사업이 공군의 드론 운용을 선도하는 대표적인 프로그램이다. 4차 산업혁명의 기술을 적용하여 기지작전 수행능력을 향상하는 것이 목적이다. 여기에는 기지 방호를 포함한 여러 가지 작전 지원 기능이 포함된다.

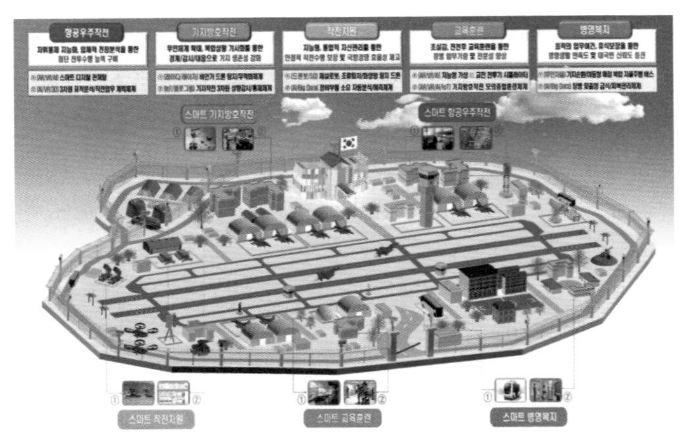


지능형 스마트비행단 개념도
(공군본부 홈페이지)

'지능형 스마트비행단' 사업에는 비행 기지 방호를 위해 기지 방호용 드론을 운용하고 항공작전을 지원하기 위해서 조류퇴치 드론이나 화생방탐지 드론 등을 활용하도록 계획되어 있다.

공군의 미래 드론 운용의 최대 관심사는 무인전투기와 유인 전투기의 통합운용이라고 생각한다. 무인전투기와 유인 전투기를 통합운용하는 개념과 수단은 이미 실용화되고 있다. 나라별로 경쟁적으로 유무인 전투기의 통합운용 능력을 갖추고 있다. 우리 군도 유무인 전투기의 통합운용 역량을 갖추는 계획이 있다. 그러나 아직은 실용화되지 않은 것으로 알고 있다. 유무인 전투기의 통합운용 능력을 갖추는 사안도 속도가 관건이다. 기술 발전의 속도가 너무 빠르므로 조금만 시간이 지체되면 기술이 낡아져서 경쟁력이 없는 수단이 될 수 있기 때문이다.

성능이 최고가 되지 못할지라도 속도의 승부에서 성공한 사례는 튀르키예의 무인공격기 TB2가 대표적이다. 우리나라의 국력과 지형, 기술 수준, 싸워야 할 상대를 고려할 때, 무인기의 개발은 미군이 운용하는 고성능 고가 드론인 MQ-9 리퍼 무인공격기보다 중간성능 저가 드론인 TB2가 더 효과적일 수 있다. 유무인 전투기 통합운용 능력을 갖추는 분야도 우리의 처지에 맞는 수단을 속도감 있게 확보해야 한다. 우리 군이 이미 계획을 갖고 그런 방향으로 추진하고 있어서 희망이 보인다.

# 우리 군에 필요한 요소는 '도전'<br>("드론, 해 봤어?")

정주영 회장
(https://blog.naver.com/law2033/221623280816)

드론을 우리 군에 접목하기 위해서 가장 필요한 요소의 하나가 '도전정신'이다! 개인적으로 현대그룹 고(故) 정주영 회장의 '해 봤어?' 철학을 매우 존경한다. 군에 복무하면서도 항상 '해 봤어?' 철학을 실천하고자 노력하고 고심했다.

'현대'라는 회사를 이끌어 척박한 경제 환경에서 사업을 번창시키고 국가의 산업화에 기여하는 과정에서 '해 봤어?' 철학은 결정적인 역할을 했다고 생각한다. 경제활동에 필요한 모든 요소가 충분하게 갖추어지지 않은 상황에서 사업을 추진해야 하기 때문이다. 조선소도 만들어지지 않은 상태에서 선박 건조를 수주했을 정도이니 도전정신을 높이 살 만하다.

이러한 '해 봤어?' 철학을 이제 우리 군이 드론을 군사작전에 접목하는 데 적용해야 한다고 생각한다. 우리 군이 상대해야 할 대상이 마치 현대 정주영 회장께서 사업을 일으킬 때의 사업 환경만큼이나 만만하지 않기 때문이다.

드론은 이미 전장의 게임체인저가 되었다. 수년 전부터 우리 군에서는 드론이 많이 회자되었다. 언론과 소위 '군사전문가'들도 이구동성으로 드론의 효용성을 포함한 전장의 판을 바꿀 수단이라고 얘기하였다. 하지만, 전장의 6대 기능을 수행하여 군사작전을 수행하는 우리 군에 실제로 적용되는 속도가 그렇게 빠르지는 않아 보인다.

"구슬이 서 말이라도 꿰어야 보배다."라는 우리 속담이 있다. 전장의 게임체인저인 드론이라는 구슬을 꿰어야 보배가 된다. 우리 군이 드론이라는 구슬을 꿰는 속도가 나지 않는 이유를 곰곰이 생각해 보았다. 개인적으로, 관계관들의 도전정신이 더 필요하다는 작은 결론에 도달했다.

2017년에 강원도 인제군 야산에서 북한 무인기로 추정되는 물체가 발견되었다. 이 비행체는 성주에 있는 미군 사드(THAAD, Terminal High Altitude Area Defense, 고고도미사일방어) 기지를 촬영하고 북상하다 연료가 부족하여 추락했다. 군사분계선에서 사드 기지까지 거리가 270㎞다. 이 비행체는 아무도 모르게 왕복 500㎞ 이상을 비행한 셈이다. 이후 우리 군은 이에 대한 충분한 대응책을 발표했을 것이다.

성주 사드기지를 정찰한 북한 무인기 비행경로
(『국방일보』(2017.6.22.))

2022년 12월에는 북한 무인기로 추정되는 항체가 서울을 다녀갔다. 이때의 대응도 충분하지 못했다. 여러 가지 사정으로 드론이라는 새로운 기술이 접목된 북한군의 수단에 대한 우리 군의 준비가 아직은 충분하지 않아 보인다.

개인적인 경험을 바탕으로 판단해 보면, '해 봤어?'라는 도전정신이 접목되지 않으면, 우리 군의 드론이라는 게임체인저를 활용하고 대응하는 역량은 여전히 충분한 속도 발휘가 안 될 수 있다고 생각한다.

새로운 기술을 기존의 법과 규정, 그리고 관습으로는 빠르게 수용하기가 어렵기 때문이다. 그래서 일반적으로 군에서는 드론을 접목하기 전에 드론을 접목하면 발생할 수 있는 우려 사항을 먼저 나열한다. 드론을 군사작전의 6대 기능에 접목하면 공역통제에 문제가 발생하고, 주파수 사용에 문제가 발생하고, 무선 데이터 통신으로 보안에 취약하다고 제일 먼저 문제를 제기한다. 바람에 약하고, 악천후에 기능발휘가 제한되며, 배터리 문제로 작전 운용시간이 문제가 된다고 우려 사항을 강조한다. 드론의 효용성은 뒷전으로 밀려난다.

좀 더 들어가면, 정비체계는 어떻게 할지, 관련 시설은 어떻게 할지, 숙련된 인원이 부족한데 장비만 도입하면 어떻게 할지, 적정한 항목이 없는데 어떻게 예산을 편성할지 등 논의할수록 제한사항과 문제점을 더 키운다.

왜 그럴까? 새로운 기술이나 수단을 도입하는 데 필요한 법과 규정이 없고 관련 사례가 없어서, 행여나 나중에 각종 검열이나 감사에서 문제가 제기되고 개인에게 책임이 부여되는 것을 두려워하기 때문이다.

소규모 인원이 별도의 공간에서 임무를 수행하는 곳을 군에서는 '격오지(외진 곳)'라고 한다. 규모가 작아서 직접 식사를 준비할 수 없는 격오지가 많다. 이런 격오지는 인근 부대에서 매끼 식사를 차로 운반해서 먹는다. 이런 곳에 차량 대신 드론을 이용하여 식사를 운반하는 시도를 해 보았다. 안전 문제, 예산 항목, 관련 기술의 부족 등의 이유로 안 된다고 한다.

주기적으로 경계작전의 실패 사례가 드러나는 부대의 울타리 경계에 사람, CCTV 등과 함께 드론을 활용하는 방안도 시도해 보았다. 보안규정, 예산 항목 등의 문제가 먼저 제기되면서 안 된다고 한다.

현재의 작전계획을 벗어나서 적진 깊숙한 곳에서 드론의 역량을 활용하는 훈련도 시도해 보았다. 주파수, 배터리, 공역 등의 문제가 먼저 제기되고, 현행 작전계획의 범위를 벗어나는 개념 없는 시도라고 평가 받는다.

개인적으로 "늦었다고 생각할 때가 가장 빠르다"라는 격언을 좋아한다. 게임체인저가 된 드론을 군사작전에 접목하기 위해서 지금 우리 군이 발 빠르게 움직이는 것으로 보인다. 맞다! 늦었지만, 지금 시작하면 가장 빠르게 할 수 있다. 그런데 여기에 '해 봤어?' 철학이 바탕이 되는 '도전정신'이 반드시 가미되어야 한다.

드론을 진정으로 우리 군의 게임체인저로 만들기 위해서는 속도가 관건이기 때문이다. 드론이라는 새로운 기술의 접목이 필요하다. 이 길은 아무도 걸어 보지 않은 길이다. 그래서 기존의 법과 규정, 업무 습성으로 진행하면 속도 발휘가 안 된다.

군에 새로운 기술이나 수단을 도입하는 속도를 발휘하게 하지 못하게 하는 획득제도의 정비가 필요하다. 이미 적용하고 있는 '신속시범획득사업'이라는 훌륭한 시스템의 활용을 극대화해야 한다. 신속시범획득사업마저도 기존의 법규와 업무 습성으로 적용하여 속도를 늦춰서는 안 된다.

군이 진정으로 도전정신을 발휘하기 위해서는 외부의 도움도 필요하다. 드론은 새로운 기술이 적용된 새로운 수단이다. 새로운 사안이 군에 적용되기 위해서는 이에 걸맞은 법, 규정 등이 있어야 한다. 이러한 법과 규정의 신속한 마련은 군 혼자서만 할 수는 없다. 언론, 정치권을 포함한 국민의 새로운 시도에 대한 도움과 지지가 있어야 한다. 실패에 대한 용인이 있어야 한다.

군도 내부적으로 검열, 조사, 평가 관련 기관이나 부서의 고질적인 법규만을 따지는 문화를 바꾸는 노력을 지속해야 한다. 조금이라도 기득권을 부여잡으려고 하면 안 된다. 절실함으로 문화의 변화를 시도해야 한다.

드론을 군사작전의 게임체인저로 만드는 일은 이제 선택의 영역이 아니다. 그래서 국가, 정부, 정치권 모두의 관여가 필요하다. 정책결정권자들의 리더십, 정책수행자들의 팔로우십, 그리고 국민 모두의 서포트십이 필요하다.

모두가 주저할 때 먹이를 찾기 위해 바다로 제일 먼저 뛰어드는 '첫 번째 펭귄(first penguin)'이 우리 군에서도 많이 나와야 한다.

퍼스트 펭귄
(경상남도교육청 자료(교육생활정보, 2019.2.20.))

이러한 '첫 번째 펭귄'들이 '해 봤어?'의 도전정신으로 뛰어들어, 드론이 우리 군의 진정한 게임체인저가 될 수 있기를 국민의 한 사람으로서 소망해 본다.

6장

# 마무리

드론이 여는 새로운 전쟁터에 관한 관심을 유도하고 공감을 형성하기 위해 이 글을 시작했다. 드론이야말로 강소국 대한민국의 국가전략에 딱 맞는 수단이기 때문이다.

우크라이나 전쟁, 북한 소형 드론의 서울 상공 침범 등을 통해서 이미 드론이 중요한 역할을 하고 있음이 증명되고 있으며 우리 군도 여기에 공감하고 있다. 그러나 국내 드론산업 생태계 조성의 불충분, 국방획득제도의 복잡한 절차, 관료주의의 한계 등으로 인해 드론에 대한 높은 공감이 실제 전투력 발휘로 전환되는 속도가 충분하지 않다. 드론이 미래 전쟁의 진정한 게임체인저라는 사실을 널리 알리고 공감대를 넓혀 보고자 관련 내용을 정리해 보았다.

군사적인 관점에서 2차대전 당시 프랑스와 독일의 상황을 오늘의 드론 전면전 준비상황과 비교해 볼 수 있다. 과거의 싸우는 방식을 고집한 프랑스는 많은 자원과 노력을 투입하여 마지노선(Ligne Maginot)을 준비했다. 과거의 싸우는 방식을 버리고 새로운 방식을 모색한 독일은 전격전(電擊戰, Blitzkrieg)을 준비하여 마지노선이 주목을 하지 않은 아르덴느 산악 지역을 돌파하여 프랑스가 상상할 수 없는 속도로 프랑스군을 무력화시켰다. 프랑스군은 이 지역을 통과하려면 적어도 15일 이상이 걸린다고 판단했다. 그런데 만슈타인이 이끄는 독일군은 단 2일 만에 아르덴느 산악 지역을 돌파하였다.

전쟁의 초기 단계 전투에서 아르덴느 숲을 돌파하는 제안이 채택되

① 마지노선과 아르덴느 위치 ② 마지노 요새 ③ 아르덴느 산림 지역
(https://en.wikipedia.org/wiki/Maginot_Line, https://en.wikipedia.org/wiki/Ardennes)

어 의표를 찔린 프랑스는 패퇴했고 독일은 승리를 거두었다. 드론 전면전을 한발 앞서 준비하면 독일의 전격전을 능가하는 군사적 승리가 가능할 것이다.

드론은 최고의 가성비를 갖는 수단이며 활용 범위는 계속해서 확장되고 있다. 그래서 세계의 군사 강국은 물론 북한을 포함한 주변국도 드론 전면전을 공세적으로 준비하고 있다. 인구절벽의 시대에 직면하고 있는 대한민국의 현실에서 무인전투체계의 활용은 선택의 여지가 없다.

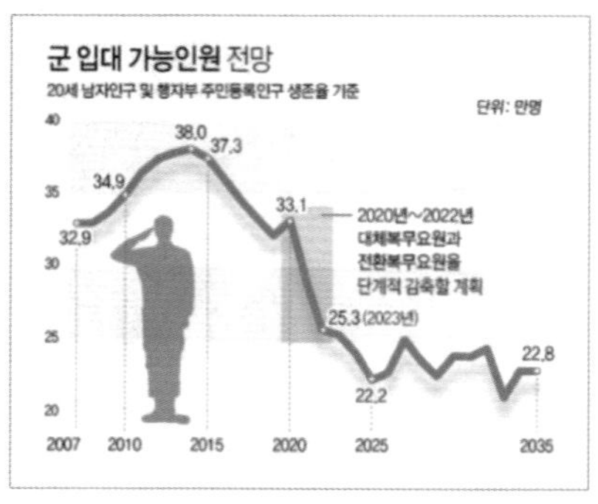


군 입대 가능인원 전망
(2017 안보연구시리즈 제4권 3호 『국방경영 및 군수혁신』
(국방대학교, 2017), p.142)

드론이 전장의 진정한 게임체인저이다. 그래서 드론이 여는 전쟁은 완전히 새로운 모양이 될 것이다. 이미 드론이 중심이 되는 창과 방패의 싸움이 시작되었다. 드론 전면전을 위한 변신이 늦으면, 그 군대는 상대에게 끌려다니고 승리하기 어려울 것이다.

그런데 드론 전면전의 준비는 군대만의 노력으로는 안 된다. 국가의 총체적인 노력과 전략이 필요하다. 새로운 방식의 적용을 위해서는 관련 법령의 개정은 물론 새로운 항목에 대한 예산의 편성이 필수적이다. 법령의 개정과 예산의 편성은 드론이라는 창과 방패의 사업에 대한 국민적인 공감이 있어야 가능하다.

조금만 속도가 늦으면 패배한다는 절실함으로 국가 차원에서 힘을 모아 드론이 이끄는 새로운 전쟁에서 승리하는 군이 되길 소망해 본다.

# **드론**이 여는
# 미래의 **전징**



초판 1쇄 발행 2023년 12월 8일
2쇄 발행 2024년 8월 14일

지은이 김현종
펴낸이 이기봉
편집 좋은땅 편집팀
펴낸곳 도서출판 좋은땅
주소 서울특별시 마포구 양화로12길 26 지월드빌딩 (서교동 395-7)
전화 02)374-8616~7
팩스 02)374-8614
이메일 gworldbook@naver.com
홈페이지 www.g-world.co.kr

ISBN 979-11-388-2569-6 (03390)